安徽省高等学校省级质量工程项目——规划教材

展示空间思维

主　编　潘　峰

副主编　栗翰江　李坤键　徐　博

合肥工业大学出版社

图书在版编目（CIP）数据

展示空间思维/潘峰主编. —合肥：合肥工业大学出版社，2023.9
ISBN　978-7-5650-6029-8

Ⅰ. ①展…　Ⅱ. ①潘…　Ⅲ. ①空间设计—研究　Ⅳ. ①TU206

中国版本图书馆CIP数据核字（2022）第159038号

展示空间思维

潘　峰　主编　　　　责任编辑　王　磊

出　版	合肥工业大学出版社	**版　次**	2023年9月第1版
地　址	合肥市屯溪路193号	**印　次**	2023年9月第1次印刷
邮　编	230009	**开　本**	889毫米×1194毫米　1/16
电　话	总　编　室：0551-62903078	**印　张**	11.25
	营销与储运管理中心：0551-62903198	**字　数**	285千字
网　址	press.hfut.edu.cn	**印　刷**	安徽联众印刷有限公司
E-mail	hfutpress@163.com	**发　行**	全国新华书店

ISBN　978-7-5650-6029-8　　　　定价：68.00元

前言

近年来，随着中国高等教育的茁壮发展，设计学科的基础教育环节逐渐完善。诸多学者展开了关于空间设计基础教学体系的思考和探索，取得了丰硕的成果，但是教材建设在针对设计教育的差异化培养方面还略显欠缺。

基于我国设计高等教育的现状和办学定位，在国内外设计教育成果积累的基础上，笔者协同团队、结合近二十年的教学和实践，重点面向应用型本科空间设计类学生量身定做了此本教材，适用于艺术与科技、环境艺术、工业设计、产品设计、风景园林等设计类相关专业，同时也适用于设计热爱者，通过学习可以较为快速和高效地塑造空间设计创意相关的基础创意知识体系。

教材编写团队结合近二十年的一线教学实践，将展示空间思维的教学划分为“字词句段章文”等顺序依次展开：第一部分，展示空间思维创造；第二部分，展示空间思维训练；第三部分，空间创意案例解析；第四部分，教学反思与展望。

本教材以展示空间思维为核心，立足于解决空间设计应用型人才培养方式中的空间思维问题。首先，教材编写对于设计类学科教学中所涉及的难点问题均做了深入的讲解和阐述，以系统的知识结构作为教材骨架，在以能力导向的设计应用人才培养体系中的思维技能等方面做了重点强化；其次，本教材已经完成了主要章节的线上案例教学视频的制作，进一步扩展了学习方法、降低了自学难度。同时，教材中引入大量训练和案例，极大地提高了实践性，可以有效地训练学生对知识的实践能力和综合能力的运用。

教材中的学生作品主要来源于合肥学院艺术与科技专业，实践案例主要来源于编写团队多年的实践项目和参与合作企业的项目。教材能够顺利完成，在编写期间获得了合肥学院谢海涛教授、杨大松教授，以及艺术与科技专业全体师生的大力支持，同时教材的编写获得了安徽省高等学校省级质量工程项目“艺术类应用型系列教材（2017ghjc192）”、合肥学院线上线下混合式课程项目“空间创意初步Ⅱ（2021hfuhhkc14）”、安徽省教学示范课“空间创意初步Ⅱ（空间结构与材料设计）”的资助，以及合肥工业大学出版社的大力支持，在此一并表示感谢。本教材的第二章、第五章和第七章的部分或全部，由李坤建、徐博、栗翰江老师完成。鉴于精力和能力有限，教材中出现的疏漏和错误还请广大读者批评指正！

第一章　空间设计思维创造概述 ……001

第一节　空间思维创造的教学目标 ……001

第二节　空间思维创造的总体设计 ……002

第二章　竖向空间生长之笔画成字 ……006

第一节　笔画成字概述 ……006

第二节　空间创意的起源 ……007

第三节　空间维度从二维到三维 ……008

第四节　空间笔画成字 ……014

第三章　竖向空间生长之组词成句 ……022

第一节　空间词句概述 ……022

第二节　空间的虚实与阴阳 ……029

第三节　空间的过渡与衔接 ……034

第四节　空间的抽象与几何 ……041

第五节　空间的模仿与仿生 ……046

第六节　空间的解构与重构 ……052

第四章 竖向空间生长之段章创意 ……055

第一节 空间的视觉体验 ……055
第二节 空间的文化心理 ……059
第三节 空间的品质塑造 ……062
第四节 空间的艺术氛围 ……065

第五章 竖向空间生长之润色成文 ……067

第一节 空间创新之主题 ……067
第二节 方案平衡之加法 ……075
第三节 方案平衡之减法 ……076
第四节 空间创新之细节 ……077

第六章 空间字词训练之竖向概念 ……093

第一节 展示空间思维训练之词句 ……093
第二节 展示空间思维训练之段落 ……103

第七章 展示空间思维之调研与主题 ……128

第一节 展示空间思维训练之调查研究 ……128
第二节 展示空间思维之主题训练 ……132

第八章 展示创意拓展案例 ……158

第一节 建筑空间拓展案例解析 ……158
第二节 其他空间拓展案例解析 ……168

1

第一章　空间设计思维创造概述

如果将空间设计思维称为空间设计师最重要的基础能力，并不为过。面对一个新的空间项目如何定位空间气质、规划空间生长、设计细节质感、创造光影色彩等，是一项非常有趣但也极具挑战性的工作。本章旨在对空间思维创造进行整体性描述。

第一节　空间思维创造的教学目标

1. 课程描述与适用人群

空间思维，是所有空间设计类专业人才必须具备的设计基础能力，根据空间尺度的大小分类，可以适合于艺术与科技、环境艺术设计、风景园林规划等本专科设计人才。其中，艺术与科技专业的针对性最强（该专业原称是会展艺术与技术）。该专业是面向地方会展产业的需求而设立的，培养具有空间展示创新设计能力的应用性人才。

艺术与科技专业，源于环境艺术的室内设计、产品设计的展示设计等研究方向。该专业学生通过在空间设计领域内的深化学习和思考，系统地掌握空间设计的基本理论知识与技能，具有扎实的艺术思维及设计表现能力，整合运用环境设计与构思、工程技术与材料、造型艺术理论和创意，结合现实条件有创意地进行空间整体规划设计。学生完成学业后能在展览展示、商业美陈、品牌推广、会展策划、虚拟展览等相关企事业单位及设计机构从事设计相关岗位。

2. 课程价值与模块分布

以艺术与科技本科人才培养方案为例，设计专业课程群一般包括设计基础模块、设计专业模块、设计素养模块。其中，设计基础模块一般包括空间素描、空间色彩、空间透视、平面创意、色彩创意、空间创意基础系列（I/II/III）共计8门课、约300课时；设计专业模块包括空间设计（I至V）、空间专题（I/II/III）共计8门课、约300课时；设计素养模块包括设计史学、设计概论、艺术修养、设计选修（I/II/III）等共计6门课、约150课时。

展示空间思维的教学安排在空间创意基础系列课程中，是设计基础模块的核心知识。空间思维创意的教学方法，推荐使用线上线下课程的模式。其中，线上教学开发短视频不低于20个，每一个短视频长度控制在10~20分钟；线下教学以课堂理论教学、课堂互动辅导、课后训练扩展等方法展开。

第二节　空间思维创造的总体设计

1. 空间创意思维的总体设计

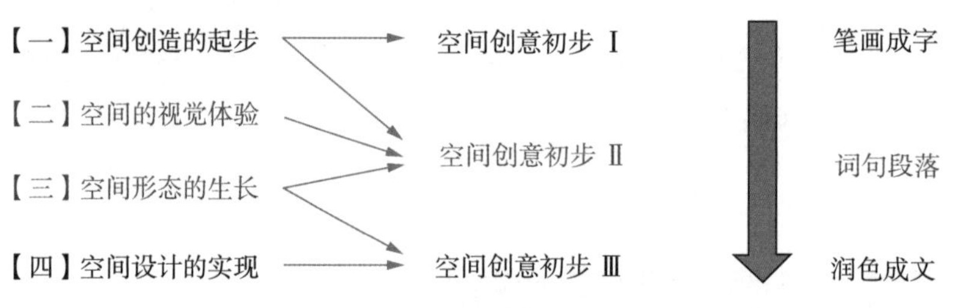

图 1–1　空间创意思维的总体设计

如果将一个空间的思维创意比作一篇文章的写作过程，我们可以将空间创意思维的创作过程分解为三个阶段，与写作中的笔画成字、词句段落和润色成文三阶段相似。(图1–1)

第一阶段：空间创意初步I，即空间思维的“笔画成字”阶段。

教学目标：建立正确的空间创意认知，了解创意源泉、竖向发展、空间笔画成字、空间基础评价等空间创意初级知识。

第二阶段：空间创意初步II，即空间思维的“词句段落”阶段。

教学目标：通过对空间创意中级的几种空间词句段落方法的讲解与教学，引导学生掌握虚实与阴阳、过渡与衔接、抽象与几何、模仿与仿生以及解构与重构等创意思维“词句段落”的基础类别，并在此基础上进一步引导学生建立空间形态的视觉体验、文化心理、品质塑造和艺术氛围的认知与方法，同步教学运用过程训练和陈述讲解等方法初步掌握。

第三阶段：空间创意初步III，即空间思维的“润色成文”阶段。

教学目标：通过对空间创意高级的思维总控、材料工艺和程序方法等空间项目综合创意方法的讲解与教学，促使学生了解和掌握空间设计项目的流程和方案综合控制。

2. 空间创意思维的知识点云

第一阶段：空间创意初步I，即空间思维的“笔画成字”阶段（表1–1）。

表 1–1　空间创意思维的知识点云

<table>
<tr><th>小节</th><th>关键词</th><th colspan="5">知识点云</th></tr>
<tr><td rowspan="5">1</td><td rowspan="2">空间创意起源</td><td>自然之母</td><td colspan="4">师法自然的灵感源泉</td></tr>
<tr><td>人工之子</td><td colspan="4">智慧学习与图形达意</td></tr>
<tr><td rowspan="3">从二维到三维</td><td>平面构成创意</td><td colspan="4">绘画图案与二维构成</td></tr>
<tr><td>浮雕构成创意</td><td colspan="4">半立体“z 轴”突破</td></tr>
<tr><td>竖向发展</td><td colspan="4">结构的生长、分形的概念</td></tr>
<tr><td rowspan="4">2</td><td rowspan="2">空间笔画成字</td><td>空间形态单元</td><td>点</td><td>线</td><td>面</td><td>体</td></tr>
<tr><td>空间构成基础</td><td colspan="4">空间的基础立体构成</td></tr>
<tr><td rowspan="2">空间创意评价</td><td>空间形态评价</td><td colspan="2">形式美</td><td colspan="2">意蕴美</td></tr>
<tr><td>空间综合评价</td><td>美观性</td><td>适宜性</td><td>灵巧性</td><td>商业性</td></tr>
</table>

教学描述：建立设计思维的概念，了解设计思维与美术绘画的区别与联系，了解三维设计与二维设计的差别与共性，建立竖向发展的概念。

教学难点：竖向发展的概念导入，简单空间元素的笔画成字，简单空间作品的基础评价。

教学逻辑：首先，通过空间创意起源的学习了解空间创意来源为大自然的点滴以及由自然感悟而来的前人杰出作品。其次，利用“平面、浮雕、空间”顺序的案例解析导入“竖向生长”的空间概念和基础途径。最后，运用空间创意基础评价的讲解让学生了解“好”的空间作品应该具备的特征和样式。

第二阶段：空间创意初步Ⅱ，即空间思维的“词句段落”阶段。

（1）竖向生长的“空间词句”（表 1–2）

表 1–2　竖向生长的“空间词句”

<table>
<tr><th>小节</th><th>关键词</th><th colspan="3">知识点云</th></tr>
<tr><td rowspan="2">1</td><td rowspan="2">虚实与阴阳</td><td>虚实</td><td colspan="2">虚实空间的作用、价值、基础技法</td></tr>
<tr><td>阴阳</td><td colspan="2">常见虚实阴阳之点线面体、墙柱区</td></tr>
<tr><td rowspan="2">2</td><td rowspan="2">过渡与衔接</td><td>过渡</td><td colspan="2">空间过渡的作用、价值、基础技法</td></tr>
<tr><td>衔接</td><td colspan="2">常见过渡衔接之点线面体、材料、结构</td></tr>
<tr><td rowspan="2">3</td><td rowspan="2">抽象与几何</td><td>抽象</td><td colspan="2">空间抽象的作用、价值、基础技法</td></tr>
<tr><td>几何</td><td colspan="2">抽象几何之点线面体、分类空间应用</td></tr>
<tr><td rowspan="2">4</td><td rowspan="2">解构与重构</td><td>解构</td><td colspan="2">解构与重构的意义、价值和原理</td></tr>
<tr><td>重构</td><td colspan="2">解构与重构的应用、关键环节</td></tr>
<tr><td rowspan="2">5</td><td rowspan="2">模仿与仿生</td><td>模仿</td><td colspan="2">模仿与仿生的空间价值、原理和作用</td></tr>
<tr><td>仿生</td><td colspan="2">模仿与仿生的使用场合、应用效果</td></tr>
<tr><td>6</td><td>其他词句</td><td>结构与断面</td><td>暴露与遮蔽</td><td>等等</td></tr>
</table>

教学描述：树立空间思维的概念，了解简单空间竖向生长基础的常规方法，熟练单位型与繁殖的创意技法，并适度拓展了解其他新颖的空间结构创新方法。

教学难点：常规空间词句创意方法的理论核心与实际运用，以及其他拓展方法的要求。

教学逻辑：建立空间单位型繁殖的基础概念后，依次通过对空间生长虚实与阴阳、过渡与衔接、抽象与几何、模仿与仿生以及解构与重构等基础创意思维“词句段落”的类别学习，利用训练环节牢固掌握和运用。

（2）竖向生长的“空间段落”（表1–3）

表1–3　竖向生长的“空间段落”

<table>
<tr><th>小节</th><th>关键词</th><th colspan="5">知识点云</th></tr>
<tr><td rowspan="5">1</td><td rowspan="5">空间形态的视觉体验</td><td>空间性格（精神）</td><td>刚（厚）</td><td>柔（软）</td><td>灵（巧）</td><td>幻（妙）</td></tr>
<tr><td>空间触觉体验</td><td>远观感悟</td><td colspan="2">身临其境</td><td>细节触感</td></tr>
<tr><td>空间材质体验</td><td>金</td><td>木</td><td>水</td><td>其他</td></tr>
<tr><td rowspan="2">空间视觉感观</td><td>轻柔</td><td>力量</td><td>现代</td><td>时尚</td></tr>
<tr><td>优雅</td><td>智慧</td><td>刺激</td><td>舒缓</td></tr>
<tr><td rowspan="5">2</td><td rowspan="5">空间形态的文化心理</td><td>中国与东方文化</td><td colspan="4">中式符号、东方文化、文化特质</td></tr>
<tr><td>欧美与西方文化</td><td colspan="4">欧美符号、西方文化、文化特征</td></tr>
<tr><td>混搭与时尚文化</td><td colspan="4">时尚文化、年度流行、地域区别</td></tr>
<tr><td>传统与乡土文化</td><td colspan="4">历史文脉、传统特色、现代解读</td></tr>
<tr><td>异域与前卫文化</td><td colspan="4">异国情调、前卫思潮、空间承载</td></tr>
<tr><td rowspan="7">3</td><td rowspan="7">空间形态的品质塑造</td><td>层次结构感</td><td colspan="4">视觉层次、结构层次</td></tr>
<tr><td>时尚科技感</td><td colspan="4">科技元素、时尚符号</td></tr>
<tr><td>精致犀利感</td><td colspan="4">色彩搭配、空间比例</td></tr>
<tr><td>梦幻鬼魅感</td><td colspan="4">灯光计划、环境烘托</td></tr>
<tr><td>粗放厚实感</td><td colspan="4">造型元素、材料计划</td></tr>
<tr><td>文化历史感</td><td colspan="4">主题定位、素材遴选</td></tr>
<tr><td>安详宁静感</td><td colspan="4">视觉舒缓、心灵静谧</td></tr>
<tr><td rowspan="4">4</td><td rowspan="4">空间形态的艺术氛围</td><td>空间艺术氛围评价</td><td colspan="4">象征性、独特性、协调性等</td></tr>
<tr><td rowspan="3">空间艺术氛围创新</td><td colspan="4">艺术色彩与灯光</td></tr>
<tr><td colspan="4">艺术陈设与家具</td></tr>
<tr><td colspan="4">艺术文史与创新</td></tr>
</table>

教学描述：基于空间美学的评价法则，运用空间词句中的方法进行复杂空间的创意尝试。

教学难点：空间视觉体验的复杂性和多样性，空间文化心理、品质氛围等含义与营造法则。

教学逻辑：在“空间词句”的基础上，进一步引导学生建立空间形态的视觉体验、文化心理、品质塑造和艺术氛围的认知与方法，同步教学运用过程训练和陈述讲解等方法初步掌握。

第三阶段：空间创意初步Ⅲ，即空间思维的“润色成文”阶段。

(3) 空间设计的实现（表1–4）

表1–4　空间设计的实现

<table>
<tr><th>小节</th><th>关键词</th><th colspan="3">知识点云</th></tr>
<tr><td rowspan="3">1</td><td rowspan="3">空间实现之程序方法</td><td>展示设计的程序</td><td colspan="2">项目调研、主题创新、设计落地</td></tr>
<tr><td>展示策划的步骤</td><td colspan="2">展览之前、展览之中、展览之后</td></tr>
<tr><td>展示流程的要求</td><td colspan="2">主题明确、平衡矛盾、综合落地</td></tr>
<tr><td rowspan="4">2</td><td rowspan="4">空间实现之材料落地</td><td>草图与效果图</td><td colspan="2">创意交流、效果逼真</td></tr>
<tr><td>CAD与模型</td><td colspan="2">科学规范、高度还原</td></tr>
<tr><td>空间基础材料</td><td colspan="2">五大基础材料</td></tr>
<tr><td>空间创新材料</td><td colspan="2">科技创新材料</td></tr>
<tr><td rowspan="5">3</td><td rowspan="5">空间实现之创意总控</td><td rowspan="2">空间创新之主题</td><td>流程引导</td><td>时代引导</td></tr>
<tr><td>行为引导</td><td>科学引导</td></tr>
<tr><td>方案平衡之加法</td><td colspan="2">填空、留白、动静、功能</td></tr>
<tr><td>方案平衡之减法</td><td colspan="2">对比、逻辑、统一、比例</td></tr>
<tr><td>空间创新之细节</td><td colspan="2">主题、材料、结构、装饰</td></tr>
</table>

教学目标：通过对空间创意高级的思维总控、材料工艺和程序方法等空间项目综合创意方法的讲解与教学，促使学生了解和掌握空间设计项目的流程和方案整体控制。

教学描述：利用完整的空间设计案例，将前期空间创意基础的“字、词、句、段”融合为“文”，通过程序方法、材料工艺和创意总控的教学，将系统的项目创意与后期落地融合在一起。

教学难点：实际项目设计过程中的材料落地、空间场所的设计总控。

教学逻辑：首先，利用设计程序和方法的介绍，将展示空间的设计程序、策划步骤和流程要求等知识点传授；其次，通过项目创意交流和展示环节的草图、效果图、CAD、模型、施工材料的介绍，将创意思维与空间表现之间的关系阐述清楚；最后，将创意总控的主题来源、加减法和细节调整等知识点利用课程训练和陈述交流等开展教学。

2 第二章　竖向空间生长之笔画成字

每一个精彩的空间作品都是由一点一线、一灯一色等基本元素相互搭配而成。本章从空间创意最基本的起源、二维向三维的突破、创意的笔画字词开始，由浅入深、逐步递进式地解析空间创意思维最基础的部分。

第一节　笔画成字概述

1. 笔画成字的缘起

路易斯·H. 沙利文曾提出，形式中蕴含着形式，新的形式又从原先的形式中衍生和蜕变出来。形式彼此密切联系、纵横交错、此消彼长、共生融合。形式之间促进形成，彼此重组，相互消散。形式之间协调、吸引、摈弃、统一、消散、再现、调和并展现。形式相互作用与影响促使其变得格外鲜活。

艺术与设计都特别侧重视觉感受的愉悦性，即“美感”，形式与美感有着密切的关系，美在于线条、结构、空间形态等要素的和谐性，也就是基于各种视觉要素关系的和谐度而构架出的一定的规律结构。这种“规律感”既要符合视觉元素组合的物理规律，也要符合形态知觉的心理规律，强调构思阶段的创新思维和作品展现阶段的创意表现。

“空间创意基础”是在一定的空间（二维和三维）维度上，从视觉美感的角度出发对造型元素加以研究与创造，强调形态和形式美感的多样化，以立体形态的物理规律与心理规律为向导，将造型要素按形式法则创造性组合的一系列的设计方法。

“笔画成字”把点、线、面、体等形式元素作为形态单元和形式起源，从二维空间出发逐步成长到三维空间，基本形式既相互独立又彼此融合。在“字”的形式法则和规律上进行研究，并寻求形式所具有的精神力量。从模仿自然到表现自然，再到表现内心，空间形式成为一个自足的结构，并生长出新的“字”型。

2. 课程教学目标

在设计领域的三维空间造型中，几乎都存在一个通用的视觉原理，它建立在一些振奋人心的立意上，这些秩序和结构组织的视觉表达，存在纯正的、质朴的、具有美感的基本原理，这也是设计最终追求的视觉目标。“笔画成字”中的形式拆解和课题训练应该探索那些激动人心的抽象视觉关系，鼓励学生观察、发现、实验、探索的独创性表现，而不是简单的技能训练。教学目标在于空间的理解能力和审美眼光的培养，造型抽象能力的培养，形态造型能力的培养，实践动手能力的培养和空间设计创意表达能力的培养。

3. 课程教学内容

设计学领域内的视觉传达设计、环境设计、工业设计和艺术与科技等设计师在视觉关系上显示出非常相似的固有属性，而其中的差别仅仅在于各自专业在视觉造型的呈现方式上要求不同，并使用各领域的不同材料和技术手段。但其中空间造型的视觉原理是基本通用的，即视觉表达的秩序和结构规律的探索。教学的主要内容如下：第一，师法自然的灵感源泉和智慧学习的图形达意；第二，突破 z 轴，从二维空间形式到三维空间造型的创意；第三，空间形态单元到空间构成基础的创意。

第二节　空间创意的起源

1. 自然之母——师法自然的灵感源泉

大自然对我们人的实践创造有着启迪作用，人类在不断的实践创造中观察、模仿和学习自然界的万事万物，其独特的外在形式和内在特质，蕴含着形态的规律和法则，是人类从事设计创造的灵感源泉。

空间创意基础是观察、洞悉、想象物象，直至将个人审美反映到整个三维造型设计上的过程。

（1）用“心”体会。脱离以“眼”看的视觉模式，学会用“心”体会事物多样化的、特殊的视觉现象，感悟自然物的生命机体意向，分析人造物的结构、比例、积量的变化所引发的节奏和韵律，发现生活中美的构成。

（2）感悟生活中的色彩。生活中的许多色彩搭配都是设计很好的参考，体会生活中的方方面面，提升自己对色彩的感悟能力，学会从自然界中汲取美的色彩，体会其情感因素和理念导向。

（3）多方位观察。改变惯性思维，尝试从不同的角度多视点、独特地观察自然。多方位观察源自设计思维中的逆向、发散等思维方法，不受任何条条框框的限制，对过去习以为常的认知重新架构，用设计思维再次发现和构造。如图2-1所示，多角度地去观察我们周围的城市建筑，你会发现不一样的城市肌理。

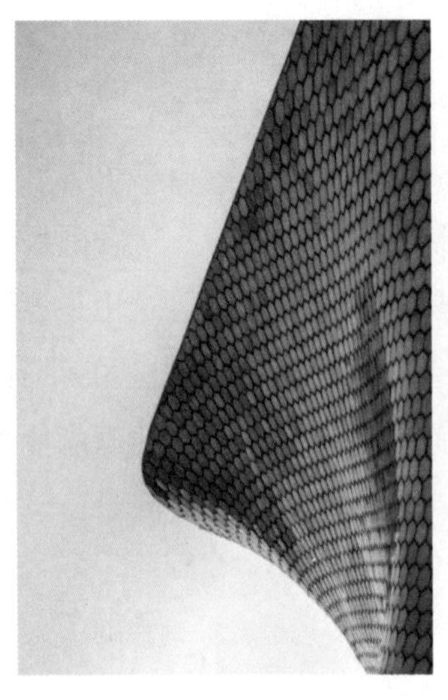

图 2-1　不同视角下的城市建筑①

2. 人工之子——智慧学习与图形达意

在我们生活的周围环境中，很多生物形态会随着环境的变化调整自身，或改变色彩，或改变体积，从而达到与周围的环境和谐共处。人通过对自然的观察和智慧学习，创造出新的形态，在近似的环境中不断演化与形成新的客观形态；与此同时，人的不同观念、情感的表达等主观形态在物质空间中得以展现，人们借物抒情、托物言志的精神空间在此时得以传递而得到扩展，其发展空间不仅在于物质层面上的具体形式，而且在于人们的心灵和精神引导。

空间造型基础就是在通过人的智慧思考向自然学习的基础上通过一定长、宽、高的物质媒介，依托空间造型探索空间关系、空间位置和结构并发现视觉秩序和造型结构规律的设计过程。

我们在这里讨论的空间包含实空间和寄托情感的虚空间。前者是指空间形态在 x、y、z 轴上占据的现实空间，这是由设计师创造的、客观存在的实体空间。后者则是指实体空间延伸出的想象空间，一般是指与观者的互动而产生的情感共鸣，这种情感共鸣的产生是对前者的延展，是人的主观意识对物理空间的精神升华。因此，我们在空间创意基础的教学中，不仅要强调构成空间的形式单元即造型规律，更要探讨由空间生长所引发的想象空间。

第三节　空间维度从二维到三维

1. 平面构成创意——绘画图案与二维构成

(1) 二维空间构成

二维空间构成与传统的绘画图案不同，其依照设计构成的视觉规律，将二维空间中的形式元素点、

① 建筑. 2021. 照片. Pexels

线、面以及由这些形式元素组合的基本形式单元进行排列和组合的设计方法，是研究二维空间中组合形式和视觉规律以及形象与形象之间编排方法的设计基础。二维空间构成多由一组重复的或彼此有关联的“形式”构成，这些形式称为“基本形式单元”。基本形式单元是平面构成的最小的单位，依据形式美法则将这些单位进行创造性的组合最终得到所需的构成效果。基本形式单元可以由一个点、一条线、一个面等形态组成，也可以通过对这些元素进行解构、重组，形成新的结构关系。新的结构关系产生了新的画面感，从内部结构到外部组织关系的和谐统一，这是二维空间构成的重要法则，也是三维空间创意的基础。

(2) 认识形态

“形态”通常是指物体外在的“形状”和物体蕴含的内在“神态”的综合感受。

“造型”区别于自然形态，通常是指人通过智慧思维和技术手段设计出蕴含精神和物质需求的形态。

“形式”是指艺术和艺术设计作品结构和架构所展现内容的方法和手段。

“空间创意基础”是以美学和视觉感受为基础，以材料特性与结构力学为依据，将形式单元按照一定的视觉规律组合成具有美感的空间造型。它是以点、线、面、体、肌理、色彩质感、光影来研究空间综合造型设计的重要课程，也是研究三维造型中各要素构成形式法则的学科。空间创意基础是建筑学、空间设计、艺术与科技、工业设计、公共艺术及视觉传达等设计专业的专业基础课程。整个空间造型创意的过程是一个解构到重组或整体到拆解的过程。任何形式单元可以追溯到具体的造型要素，而造型要素又可以重新组合成任何形态。其以实体占有空间、限定空间并与空间一同构成新的空间环境、形成新的视觉形式，直至上升到空间艺术的领域。

(3) 形态的分类

在现实空间与意识空间的双重语境下，空间形态强调的是事物形态在特定时空环境中整体有机特性的展现和信息交流，以便阐释出形态在主客观空间中的生成原因、组成、关系、发展及趋向。形态除了具有空间属性外，还具有多样化、可感知、灵活多变的特点，从类别上可以分为以下几种：

① 自然形态

自然形态是指顺应自然规律形成的各种可感知的形态。这些天然形态的生长规律是人力无法改变的，不以人的意识改变和转变。例如山川湖泊、花草树木（图2-2）、动物等。自然形态按照结构组织和活动能力特点分为有机形态与无机形态。

有机形态是指符合自然生长规律的，有生长性能的形态。和人工形态不同的是，这些有机形态通常具有天然、生动和质朴的感觉，造型特点以曲线为主，与周围的环境存在一种和谐的共生关系。因此，在很多空间造型设计作品中，常常以动植物等有机形态作为空间创意的来源。无机形态是指相对静止，原本就存在于世界中，不具备生长活动能力的无生命力形态，例如云、山等。

② 偶发形态

偶发形态是指生活中由于突然情况偶然产生的各种形态。偶发形态是在无意中不经过刻意设计而形成的，具有随机性强的特点，给人富于变化、无法琢磨的感觉。例如不小心滴在衣服上的墨汁形成的图案，一个偶然间被打破的玻璃杯，等等（图2-3）。偶发形态特有的生动感来自“不小心”“不经意间”的偶然突发性，而这些常常被忽略的形态往往可以作为激发艺术家或进行艺术创作的灵感。可以设想的是，如果试图研究并逐渐掌握偶然形态产生的一定规律，就可以创造出生动形象的空间形态。

图 2-2　自然界的花卉[①]

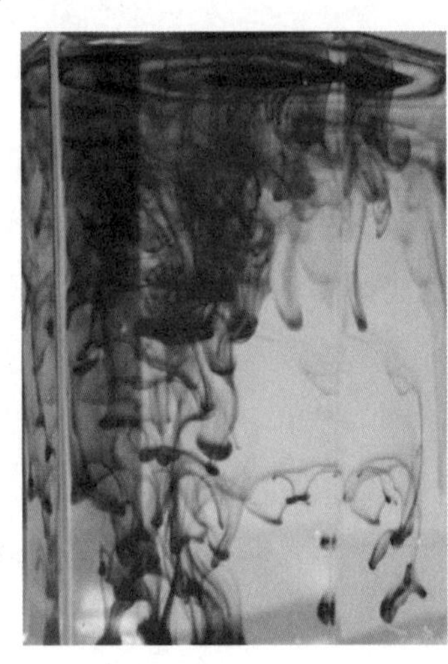
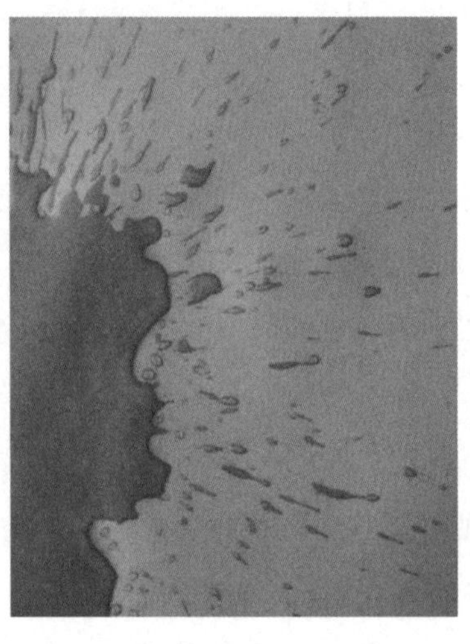
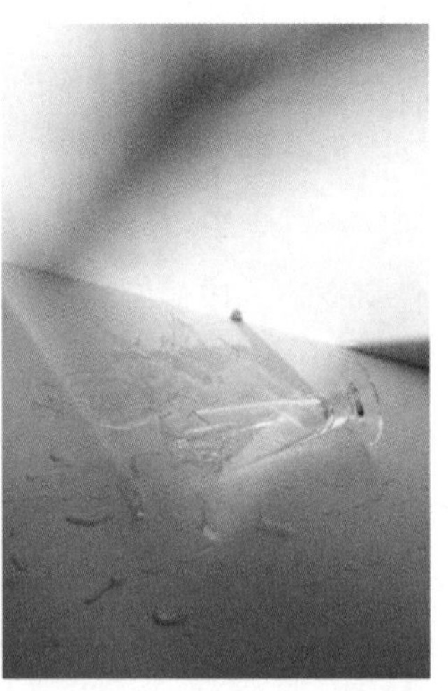

图 2-3　生活中的偶发形态[②]

③ 几何形态

几何形态一般是指由基本的几何元素如点、线、面等构成的几何形在一定空间限定出的区域范围，一般由三条或更多的边或曲线或以上两种东西的结合而形成，具有一定的规则性与封闭性，如多面体、立方体、圆柱体、球体等。几何形态是具象图形被符号化提炼的抽象表现，其具有简洁、醒目、形式感强的视觉特征，并且不同几何形态带给人的视觉感触和心理感受也是不一样的。几何形态是对现有物质形态的高度归纳，它是造型中最简单的表达方式。从造型艺术上看，几何形态具有千变万化的组合方

① 动物．2021．照片．Pexels

② 抽象．2021．照片．Pexels

式，这种自由变化性在视觉上具有极强的表现力，因此在空间造型的设计上还应该考虑几何形态本身所蕴含的哲理性和精神内涵，并且还要符合现代人的审美情趣和价值取向。

④ 人工形态

人工形态，泛指人有目的、有计划地运用各种材料通过各种方法加工制造出来的形态，是人的综合活动的产物。它是人类通过思维智慧创造的结果。人工形态根据其创造目的不同，要求也不同。例如城市建筑、交通工具、家具、服饰等，这些形态的具体形式是由其使用功能决定的；艺术装置、公共艺术、绘画等人工形态的出发点并非功能，而是一种单纯的艺术表达，它是将形态本身作为观赏对象的纯艺术形态。

从造型特上看，人工形态可分为具象形态与抽象形态。具象形态是遵循客观物象原貌的直接写实与刻画，强调忠实再现，其具体形态与实际形态相近，直观反映客观物象的具体细节和典型性的本质真实。如图2-4所示，左图是仿照人物形象设计的雕塑，其造型特点真实还原了人的五官典型特征和运动规律，属于具象形态；观察中间的雕塑形象，不难看出，虽是人物形象，但五官的比例、形态已经出现了明显的夸张、扭曲和比例失衡，具有了抽象化的特点。抽象形态是根据原始形态的内涵及象征意味而创造的观念符号，在抽象化的过程中，客观物象被抽离出很多具体的细节，对于观者而言必须通过仔细观察和思考才能理解原始的形象及意义。抽象形态的抽象程度越高，概念可以指向的东西就越多，也可以说它的外延就越大。如图2-4所示的最右边的抽象雕塑，我们可以通过概括性的表现手法解读人物的表情，想象人物的姿态。

具象形态是指以模仿客观事物而显示其形式特点和意义的形态，以比较忠实的态度再现客观事物的形象，将事物的细节和本质如实地反映出来。

抽象形态是指以抽象化的手法表现客观事物在主观感觉中的特殊感受的形态。这种形态重在抽象思维的培养，是能从具体的形式中理解、提取、分析、归纳概括有用的要素提升主观意义而创作出的观念符号，不是模仿现实。

图 2-4　具象形态与抽象形态[①]

① 雕塑．2021．照片．Pexels

2. 浮雕构成创意——半立体“z轴”突破

(1) 层面造型设计

在三维空间中，点的轨迹形成线，线的持续成面，面的接连成体。面与面之间按一定的规律排列组合，便可以产生丰富的空间形态的立体效果。这个训练是通过简单的单元形态，在空间中以反复循环的方式创造出不同的造型。将单元元素经过重复、分割、插接、聚集、突变、重构等方式组织排列起来，可以产生不同的视觉感受。

(2) 版式造型设计

① 基础版式设计

制作时可以先在一张10cm×10cm的卡纸上，经过反复曲折成瓦楞形，即版式的基本造型，在此基础上进行加工，经过直线折叠、曲线折叠、裁切、镂空等多种方法得到空间上虚实变化、明暗对比的半立体造型，此时的造型更像一个立体的图案，担当下一步的集合式版式造型设计的基本造型单元。

② 集合式的版式设计

先设计出基本造型单元图纸，此练习可根据二维空间构成中“骨格”与“基本形”的关系来进行设计。如图2-5所示，在25cm×25cm的卡纸上通过单位形的重复排列、渐变形成聚集的版式组合，产生立体造型，感受单位形的形式韵律和纵向上的节奏感。注意折曲板的组织关系越复杂，其构成的基本造型单元就要越简单，反之基本造型单元复杂多变，组织关系就要简单明了。在这里要注意曲线与折线之间的构图变化，再根据构图作自由切割，运用折贴、曲压、切割、镂空等不同处理方式，构成半立体造型，体会卡纸在经过一系列处理后的纵深变化。

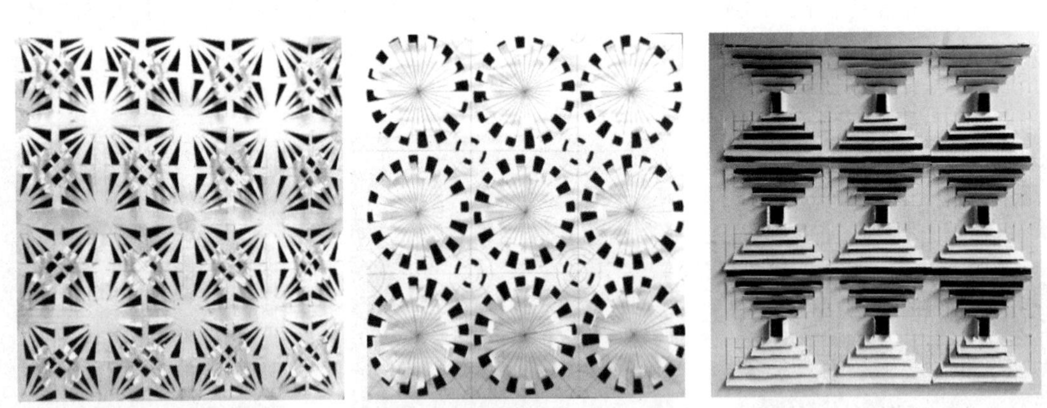

图 2-5　集合式版式设计（学生作品）

③ 半立体场景设计

半立体场景的设计与版式设计的不同之处在于立体感更强，侧重可虑x、y、z三个轴的空间关系与链接，强调形态之间的穿插与组合。例如：立体贺卡，先绘制出想表现形态的基本造型图纸，然后根据预留厚度进行切割，最后根据形式的横向关系进行折叠。半立体场景设计如图2-6所示，可以让学生在纸质基板上运用纸条自由创作半立体空间造型，主题为“层次的韵律”，可以折叠，也可以扭曲，充分感受形态的起伏变化和运动轨迹。

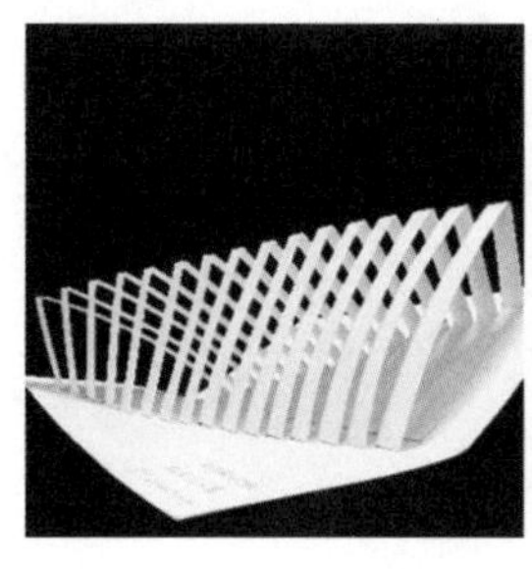

图 2-6　半立体场景设计（学生作品）

3. 竖向发展——结构的生长，分形的概念

（1）柱式造型设计

① 柱端变化

柱端变化是指对柱体的顶部和底部有计划地展开造型设计。柱式结构首先要将柱面折成封闭造型，然后在柱体顶端或者底端进行造型设计。这是研究几何空间垂直关系的开端。

② 柱面变化

柱面变化一般是指对柱体四周围成的部位进行造型设计，在柱面上进行规律性切割加工。切割后可以进行折曲，也可以进行拉伸或扭曲，有的还可以将切割部位凹陷或是植入简单几何体，形成一种镂空或凹凸不平的效果，以此增强柱体的层次变化。柱面起伏小，立体感就弱；反之立体感就越强。

③ 棱线变化

在柱身界面交接的棱线上进行造型设计，可以扭曲部分棱线形成曲面的造型；也可以对棱线进行切割，将两端切割分离的部分凹进柱体中间，凹进切口的长短按照由高到低的次序排列，促使韵律产生，从而形成丰富的视觉效果。

（2）单一几何造型设计

① 表面处理：多面体的表面，可以通过切割、刻画等方法将里面的空间呈现出来，与外面的多面体产生纵深感和透空感。

② 边线处理：多面体的边线，可以将完全封闭的直线设计成虚实结合的线段，边缘上还可以加插薄片的形，从而改变多面体的外部形态。

③ 棱角处理：棱角通常由三个表层面或更多的面聚合组成，实际上是面与面之间的结合点，这个点可以产生丰富的变化。

如图 2-7 所示是单一几何体造型设计课题训练学生作品，三位同学从左往右依次用了镂空框架多棱角处理、凹凸形植入表面处理、虚实面边线处理的造型设计方式，所展现出来的单体几何造型形成丰富多变的视觉张力。

图 2-7　单一几何体造型设计学生作品

第四节　空间笔画成字

1. 空间形态单元——点、线、面、体

(1) 点

在几何学上点是抽象的、消极的，只有位置，没有具体形态。但在平面和立体空间中，点是积极的，占据一定空间的位置，有了具体的视觉形象。点的产生在于与它所处的空间、面积和其他造型要素比较时产生对比关系，视觉感知较小的元素和短暂的触觉感知都可以称之为点。

特征：独立，闭合的视觉元素，或者较多小元素的集合，节奏，跳跃。单一的点具有向心的独立形态，能够形成视觉中心，多点则可以形成丰富活泼的节奏。点的组合方法多种多样，但是由单独的点形成的构成比较少，多数情况下会对比其他形态要素以突显点的特性。有时，点的存在是通过隐蔽的形式表现的，例如线段的起点和终点、直线转折处、两线交界处、几何体的顶端等，此时的点是以消极的方式存在的。

点的排列秩序和距离大小的变化使其在视觉上产生线化或者面化的倾向。具体设计过程中点的线化主要受到点的距离和点的运动轨迹影响。比如将相同的点连接可构成虚线，其距离越近，线的感觉越强。如图2-8所示，把柠檬作为点材进行创意组合，运用柠檬的横切面和整体造型作等距离排列则显得规范工整；如果有规律地作递增递减的间距处理和点的大小变化可以产生节奏感；如果改变柠檬的方向或改变的形状大小进行不规则排列，则可表现出跳跃性的韵律，也可表现出曲线的流畅感。柠檬的聚集能够形成图面，阵列能够产生轮廓。通过柠檬的大小变化或排列疏密的变化产生空间上的层次感，赋予面以肌理感和立体效果。这里提到的点不仅是立体构成中的某种元素，也可以作为视觉的某个重心点。

图 2-8　点的空间构成“柠檬”①

① 柠檬．2021．照片．Pexels

大小、形状、色彩各异的点采用不同的立体构成方法，产生的视觉错位感也有所不同。

① 重复的点

在空间造型上运用点元素及相对较小的形式单元不断复制再运用，当这些形式单元达到一定的数量时，便会产生复杂多变的视觉效果。重复点的构成其重点在于数量的多少，数量越多给人的震撼会越大。

② 连续的点

连续点的构成是指较小基本单元在一定方向上的连续排列，带有方向性的点的运动轨迹能够引导人的视线跟随点的移动方向进行视觉移动，给人带来视觉上的动感。不同于重复点对于元素进行复制性的排列，连续点注重的是对于点进行空间上的排列，这样的点可以不具备相同的大小、形状或者色彩，但构成的方式在排列上具有一定的流动性，能够让人一眼看出整个形态的变化、走向。

③ 聚集点的构成

聚集点的构成不同于前两种组合方式，其能够形成较为清晰的轮廓感和构成具体形象。聚集点的构成是对元素的大量堆叠，在空间中形成第三维度的更高数值，当一个空间中点的数量聚集得越来越多时，就会产生一个形。数量的变化跟密度的变化会给人带来不一样的感觉。生活中，我们尝试放大一张照片，在不断放大的过程中就会发现照片中的内容是由无数个像素点构成的，单位像素点密度越大，画面就越清晰。

（2）线

在几何学中线没有宽度和厚度，而在二维平面和三维立体空间中的线具有粗细、虚实、曲直之分，但所有的线都是由直线和曲线两大基本形态组合、变化而来的。

特征：极具视觉引导性的元素，节奏，方向性。通常，水平线给人的心理感受是平稳、安静，曲线根据弧度的变化则给人带来平滑、优美、动态等心理感受（图2-9）。线的空间造型手法主要分为线框构成、线层构成和软线构成。

图 2-9　线的构成[①]

① 建筑．2021．照片．Pexels

① 线框构成

线框构成就是运用线性材料组合有目的地构成新的空间框架结构，如图2-10所示。线框构成重点在于培养设计思维中的逻辑关联感，通过框架造型反映三维空间的结构关系。我们可以通过线框构成分析外部空间与内部空间的关系走向和内部空间之间的复杂的结构关系，为日后分析复杂空间关系并找到内部蕴含的设计准则奠定基础。日常生活中，人们经常使用线框构成，如传统的灯笼制作，根据使用需求选择铁丝或竹条等线性材料按照造型特点编织框架结构，然后在框架表面赋予透光的介质，最终达到想要的形态。

图 2-10 线框构成[①]

② 线层构成

线层构成指的是通过纵向和横向等层次变化，形成一个具有起伏感和层次感的空间造型。不同于线框构成以框架为基准寻找内部空间的组织关系规律，线层构成更注重的是空间整体和外部轮廓的层级变化，空间造型整体上具有韵律和节奏紧张的起伏感，在整个设计上呈现实体的趋势。通常这种构成方式是有规律可循的，能够清晰地反映出构成的清晰变化。线层构成对于结构的把握也是至关重要的，因为无限堆叠会产生一定的厚度，如果控制不好厚度，就容易设计失败。如图2-11所示，画面中俯视楼梯层层叠叠的结构，可以看到一层一层曲折而富有规律的线条，像迷宫一样，比较有层次感。这种景观边缘以线的形式错落有致、绵延起伏地变化着，形成层面的视觉效果。

图 2-11 线层造型[②]

① 建筑. 2021. 照片. Pexels
② 建筑. 2021. 照片. Pexels

③ 软线构成

软线构成又称为软质线材的构成。软质线材由于在强度和硬度上受限，使用其进行空间塑造时就经常依附于已经搭建好的框架结构或空间实体，或其作为连接和绑定主体结构的辅助用材，部分用软线直接创作的形态则比较轻盈、柔软。软性线材由于具有较好的柔韧性和可塑性，在设计手法上可采用编织、缠绕、绗缝、镂空等处理手法，从而在视觉上产生变化丰富的肌理效果，如图2-12所示。

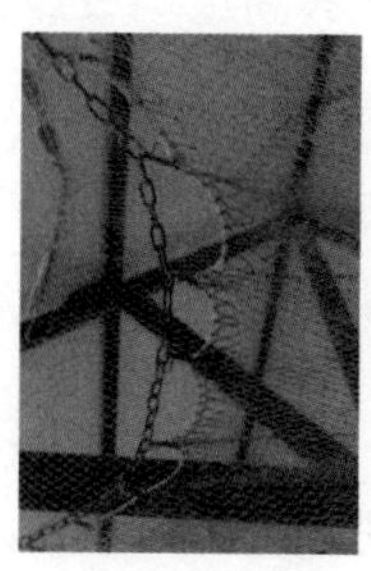

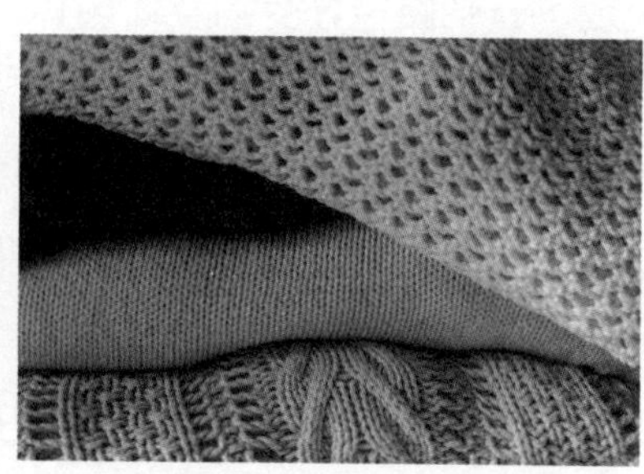

图 2-12　软线构成[①]

(3) 面

形成面的条件非常多，在几何学中面是由线的连续移动直至终结而形成。

特征：弯曲的面，多面规则排列，形态丰富。面与面的组合可以形成比较丰富的肌理效果，面通过层面构成和曲面构成两种空间形态组合方式，从视觉上给人以充实感。面本身就具备一定的面积，在一定的范围内可以显现出膨胀感和限定感。面也是艺术家们经常用来展现艺术作品的元素，如图2-13所示。

图 2-13　面的空间造型[②]

① 层面构成

层面构成指的是采用不同的形式元素，构成结构形式上的纵向关系。层面结构注重的是一层一层之间的关系。形成层面构成形式上的纵向关系，方法有很多，可以通过面的叠加、面的凹凸以及面的折叠

① 织物. 2021. 照片. Pexels

② 建筑. 2021. 照片. Pexels

来实现各种层面关系。

② 曲面构成

曲面是在特定的条件下，一条线在空间内连续运动产生的轨迹。曲面构成便是运用这样的轨迹进行了立体式的设计。曲面构成的三维造型界面过渡自然柔和并且整体形态饱满，具有一定的秩序性美感。

(4) 体

几何学中的体是由面的运动路径产生的空间实体，有长度、宽度和高度。三维造型中的体是占有一定空间的，在x、y、z轴的空间范围内形成空间形态，是能体现体量感和空间感的实体体块。体可以由面围合而成，也可以由面的运动轨迹构成，具有重量、稳重、封闭与力度等性质。立方体的表现力为稳定和实体感；锥形体表现出向上运动感；球体表现为扩张、向心和滚动感自由体；直面形体是以水平和垂直面构造为主的形体；曲面形体是以自由面包围的形体。

特征：体块不像线、面那样识别性强、轻巧、易于塑形，体自身的封闭性使其具有稳重、扎实、安定的实体感和重量感。体块最明显的变化就是体积上的变化，体量大而厚的体能产生敦实厚重的感觉，视觉冲击力强，过于巨大的体块造型还会让人产生压迫感；体量小而薄的体块能中和这种沉闷感，达到轻快灵动的效果。在设计过程中，体的产生往往来自面的组合、线的纠缠和点的聚集，如图2–14所示。

图 2–14　体的空间造型[①]

2. 空间构成基础——空间的基础立体构成

(1) 抽象与几何

① 抽象

抽象是空间创意基础的重要思维方法和表达方式。抽象的思维有助于培养我们由浅入深、由表及里及多元化的观察能力；更重要的是，空间构成的抽象表达能有效促进空间造型由具体物质空间延展至精神层级的情感表达，刺激观者的想象力，使作品与观者之间产生情感共鸣。(图2–15)

① 自然. 2021. 照片. Pexels

图 2-15　抽象后的空间造型设计[①]

抽象是运用分析与高度概括的手法，抽出共性概念在人脑中再现物象的关系特征和共同属性的方法。抽象由若干环节构成，通过分析形成质的抽象，概括与归纳形成本质的抽象我们也称之为具体的抽象。质的抽象并不是认知的最终目标，只能是本质的抽象中的一个环节。如果以抽象的内容是事物所表现的特征还是普遍性的定律作为标准加以区分，抽象大致可分为表征性抽象和原理性抽象两大类。

我们把对事物可以直接感知到的现象显现出来的特征作为抽象的起始点，例如一朵花的“颜色”，一只动物的“外形”，一杯水的“温度”，一把椅子的“重量”，等等。一些关于事物直接的表面特征的抽象或称之为物理性特点的抽象，叫作表征性抽象。在表征性抽象的基础上延伸出的一种深层次的抽象可以称之为原理性抽象，它所把握的是事物的共性规律和成因法则。其结果表现出的就是事物定义、定律、原理，反映出的是思维的抽象。这些既有的原理性抽象，为我们认识事物的属性、观察形态的变化、创造三维的空间造型提供有效的理论依据。我们可以借用著名概念艺术家约瑟夫·科苏斯（Joseph Kosuth）的装置艺术作品《一把和三把椅子》来辅助理解两种抽象类别。一把真实的椅子，一张椅子的照片，字典中定义椅子的文字，三者构成整个作品的内容。真实的椅子是实际存在的实体，具备“坐”的功能；椅子的照片凭借视觉图像记录椅子的造型特点，象征着人的形象思维，属于表征性抽象；而定义椅子的文字描述象征着人的抽象性语言逻辑，属于思维的原理性抽象，展现的是椅子的共性原理和造型规律。

② 几何

在二维空间中几何是抽象化的视觉符号，以几何形态的方式存在，在三维空间中几何呈现出一定的体量感，是我们在教学过程和课题设计中较为常用的造型出发点。由于几何形态和几何体都具有抽象化的造型特点，在造型上具有普遍使用的视觉原理，因此在教学过程中我们要注重视觉表达空间秩序和结构规律的探索，一是单一几何体的形式单元，如点材、线材、面材；二是形态与形态之间的关系。

如图2-16所示呈现的是一种抽象和几何并存的展示空间，展示主体紫色的植物与不同的周围环境给我们提供了一个充满梦幻色彩的空间。

① 雕塑．2021．照片．Pexels

图 2-16 抽象与几何并存的展示空间[①]

(2) 平面与立体

① 平面

平面是指二维的空间维度上有长度和宽度方向的区域范围，在设计领域中用直观的二维的视觉角度所表现出来的设计范围就称为平面设计。平面是构成立体空间的基本形式单元。观察周围的事物，任何立体的空间都是由若干个面构成的，而面与面的组合样式又是受到其空间造型与结构规律所制约的。例如，我们生活的房间，就是由顶面、四周的墙面、地面这些平面组成。这样的例子数不胜数，都存在于我们的生活当中。

三维空间不可能在一张纸上被创造出来。三维创造要求从多个角度处理构成形式，因为从一个角度解决的构成，并不意味着从另外的角度也能达到满意的效果。因此，需要近距离、多角度地观察，仔细分析每一个点、线、面的运动，这其中就要注意其设计形式与原则，使其通过协同作用产生最佳效果。

② 空间几何体

在我们周围存在着各种各样的物体，它们都是在一定空间范围内的立体形态。抛开其他属性，如果我们只从空间造型的角度去理解这些形态的造型特点和大小，那么由这些立体形态抽象出来的几何造型就叫作空间几何体，如图2-17所示的各种各样的几何体。

图 2-17 各种各样的几何体[②]

① 建筑. 2021. 照片. Pexels

② 几何体. 2021. 照片. Pexels

A. 空间几何体多面体

由若干面围合形成的几何体我们称之为多面体，如棱柱、棱锥和棱台。围成多面体的各个多边形叫做多面体的面；相邻两个面的公共边叫作多面体的棱线；棱线之间的交点叫作多面体的顶点；连接不在同一个面上的两个顶点的线段叫作多面体的对角线。在几何学中，凸正多面体，又称柏拉图立体，是一种非常规则的三维立体结构，其每一个面都是全等的正多边形，每一个顶点都是相同数目的正多边形的公共顶点。常见的几何正多面体有正四面体、立方体、正八面体、正十二面体。

B. 空间几何旋转体

既定曲面按照旋转轴旋转围合所形成的体称为空间几何旋转体。例如以直线为旋转的轴，半圆旋转所形成的曲面为球面，由球面所围成的几何体就叫作球体。圆柱体、圆锥体、圆台和球体都属于空间几何旋转体。

在空间创意基础教学中，我们可以借助设计思维引入二维空间构成的形式法则，将其打通。从平面到半立体再到立体的逐渐过渡，分门别类地探索点的构成、线的构成、面的构成、体的构成，通过这些形式单元的构成法则体会立体空间造型组合的总体结构关系。这种关系存在于部分与部分之间，或整体与部分之间，我们在塑造立体造型时要注意形态的具体形式和形态的具体位置的对称与平衡，并建立形体之间的统一与变化、节奏与韵律。这些关系依赖于设计者对各形体之间凹凸空间的细致观察和设计思维的研究方法，我们要找到和掌握这种组织规律和法则，并最终形成一个审美愉悦的整体。

在空间创意基础综合课题训练中，学生可以空间基础几何体为造型起点，思考空间内部结构的关联性和整体造型的形式美感，继而进行空间造型创意表现。在训练中，学生需要运用创意思维中的联想、发散、逆向等思维方法，培养拓展、灵活、创新的设计巧思，同时在表现手法上注意凹凸形的结合、整体与部分的对比关系以及内外张力的平衡感。如图2-18所示，作品走出教室进入自然环境中，充分感受环境带给空间作品的影响，在自然环境的映衬下，每件作品出现了丰富的光影变化，空间形态衍生出了视觉张力，体现出造型结构的动态韵律。

图 2-18 空间创意基础造型综合训练部分学生作品

第三章　竖向空间生长之组词成句

掌握了空间创意思维最基本的笔画字词之后，进入组词成句的环节。本章结合思维导图和案例点评，将空间创意词句中的虚实与阴阳、过渡与衔接、抽象与几何、模仿与仿生、解构与重构等重点词法句式缓缓道来。

第一节　空间词句概述

1. 美学是什么

美学是哲学的分支，由德国哲学家鲍姆嘉通在1750年首次提出，并称其为“Aesthetic”(感性学)。美学是研究人与世界审美关系的一门学科，研究对象是审美活动，是人类的一种精神文化活动。

2. 空间设计形式美

形式美是客观事物外观形式的美，包括线、形、色、光、声、质等外形因素和将这些因素按一定规律组合起来以表现内容的结构等。马克思主义对形式美做了科学的分析，认为色彩、线条、形态等事物属性按照一定规律组合起来之后，具有了审美意义。

形式美的最高评价标准：多样统一。

空间形式美的具体法则：对比比例、均衡对称、节奏韵律、特异错视等。

	空间创意项目	空间创意作品
外在评价	美学（美观创新）	形式美感
内在评价	功能（科学合理）	结构逻辑

图 3-1　空间作品整体评价原则

3. 空间创意的评价

空间创意项目的整体评价原则，一般分为外在评价和内在评价两大部分，如图3-1所示。其中，外在评价以美学评价为中心，内部评价以功能评价为中心。同理，在教学活动中出现的创意作品，其外部评价和内部评价则分别以形式美感、结构逻辑为核心。

4. 空间形制设计思路

空间词句含义：通过对空间创意基本元素的抽象化研究，提取出“单位型”，并且创造适宜的繁殖规律，进行简单空间的创作，形成一个空间单元。(图3–2)

① 单位型的创作
② 竖向繁殖的结构
③ 整体观赏、细节考究

图 3–2 空间创意作品的形式和结构

(1) 单位型的创作

单位型之“点”的创作，如图3–3所示：

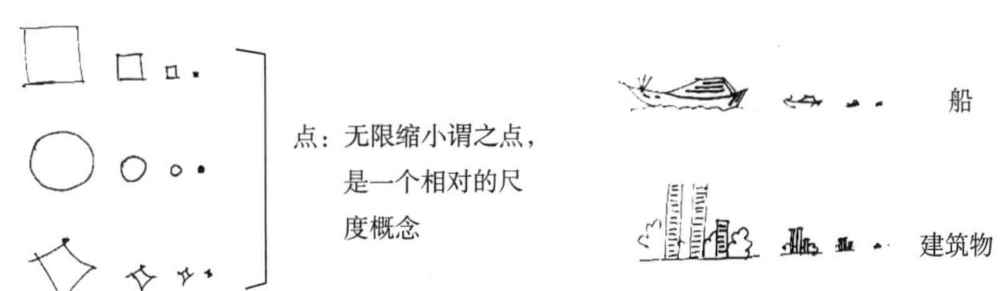

图 3–3 单位型之“点”的分类描述

① 点的属性

任何物体和周围环境比较，无限小的时候，呈现出“点”的视觉效果。因此，点的属性是一个相对的、无限小的概念。

② 点的基础分类

按照几何形最基础的点包括方点、圆点、不规则形点。

③ 点的扩展分类

任何物体，包括现实具象和抽象的物体，缩小至一定程度，都可以视为点。例如轮船、建筑、人等，在特定环境中都呈现出“点”的语义。

单位型之“线”的创作，如图3–4所示：

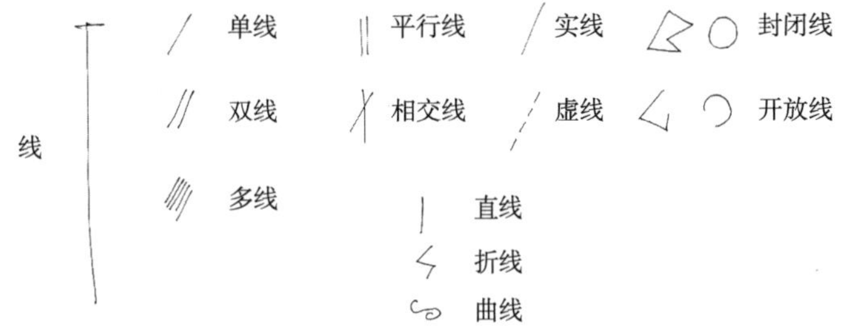

图 3–4 单位型之“线”的分类描述

① 线的属性

具有较为明确的方向性特征的条形空间，可以称之为“线”。因此，线的属性包括方向性、长宽比达到条状视觉等。

② 线的基础分类

根据线截面情况的分类：单线、双线、多线。单线，指的是一条线段、截面没有分叉或者多股线构成的基本线型；双线，指的是由两条平行线或者缠绕线组成的线型，是单线的扩展，在现实生活中很常见（如电线）；多线，指的是线段的截面有多股线（2条以上）组成，其基本型相对丰富。

根据方向情况的分类：直线、折线、曲线。直线是没有发生方向改变的线，折线是阶段性方向改变的线，曲线是连续的方向改变的线。

根据线组结构的分类：平行线、相交线。所谓平行线，指的是由相互平行、永不相交的两条或者多条线组成的线，在造型纹样中多见；相交线指的是由两条或者多条相互交织的线组成的形态。

根据线截面的材质分类：实线、虚线。实线是实际存在的线，或者是在图纸中具有连续边缘的线；虚线是镂空或者半透明，可以被视觉捕捉的具有方向性的线。

根据线的闭合情况分类：封闭线、开放线。封闭线指的是头尾相互连接的线段，如封闭折线、封闭曲线等；开放线指的是头尾相离的线段，如开放折线、开放曲线等。

③ 线的扩展分类

现实生活中的任何条状物体，包括具象和抽象的视觉条状物，都可以称之为线，例如电线、景观轴线、汽车腰线、人体曲线等。

单位型之“面”的创作，如图3-5所示：

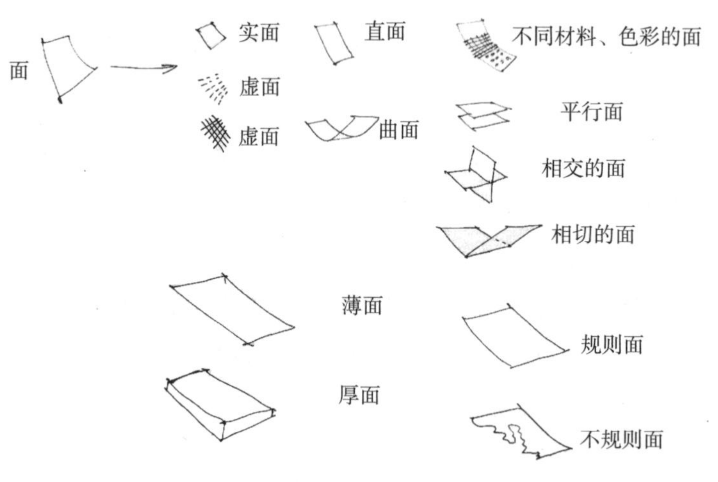

图 3-5　单位型之“面”的分类描述

① 面的属性

具有较为明确的边界、范围特征明显的空间区域，可以称之为“面”。面的属性，包括面积大小、边界明显、有范围感等。

② 面的基础分类

根据面的内部结构分类：实面、虚面。实面指的是面的内部区域完整而真实、面的边界连续不断裂；虚面指的是面内部区域呈现虚化态势，常由点、线等构成，或者面的边界存在部分虚线。

根据面的平整度和方向分类：直面、曲面。直面，指的是面内部区域的方向（角度）没有变化，平整度良好；曲面，指的是面内部区域的方向（角度）发生规律性变化，平整度良好；不规则曲面，指的是面内部区域的方向（角度）和平整度都发生变化的曲面。

根据两个或者多个面之间的空间关系的分类：平行面、相交面、相切面。一般用于描述直面的相互情况。平行面，指的是多个面之间方向一致、相互永不相交的情况；相交面，指的是多个面之间发生空间交叉、相互交织的情况，如果其中两个面只有一条相交线的时候称之为相切面。

根据面的边缘或者内部范围的情况分类：规则面、不规则面。规则面，常见于基本几何面，呈现出边界清晰、内部平整的特点；不规则面，一般出现边界无规律、内部复杂等状态。

根据面的厚度分类：薄面、厚面。薄面，指的是面的厚度与长宽相比无限小而达到可以忽略的状态；厚面，指的是面的厚度与长宽相比数值显著，视觉可以明显察觉到厚度。

根据面的材料、肌理和色彩状况的分类：不同材料、肌理、色彩的面。材质包括单一材质和多种材质组成的面；肌理包括由不同表面效果产生的粗糙感、光滑感、软硬感等区分；色彩指的是由单一或者不同的色彩在不同环境中产生的色彩辨识情况。

③ 面的扩展分类

在现实生活中的任何面状物体，包括具象和抽象的视觉面状物，都可以称之为面，例如A4纸、桌面、席梦思床垫、人脸、一面墙、一块地、人体等。

单位型之“体”的创作，如图3-6所示：

① 体的属性

具有较为明确的三维尺寸、空间占有明显的空间区域，可以称之为“体”。体的属性，包括体积大小、材质组成、边角设计、内部空间、表面处理等。

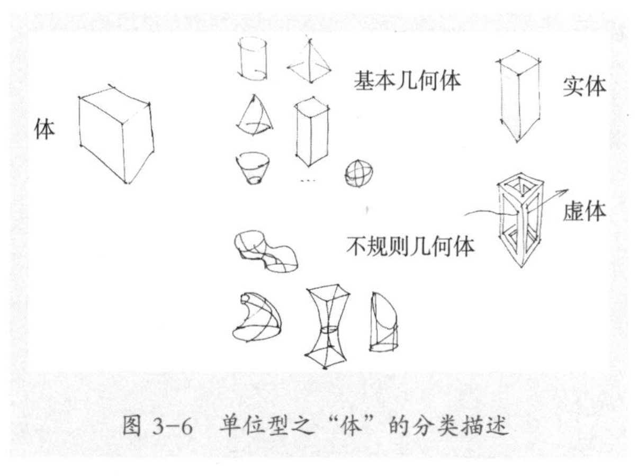

图 3-6　单位型之“体”的分类描述

② 体的基本分类

根据几何学的基本体分类：基本几何体。方体，指的是长宽高呈直线的几何体。其中，正方体指的是当标准几何体的长宽高一样的状态，长方体指的是当标准几何体的长宽高不一致的状态。柱体，指的是竖向高度优势明显的几何体。其中，方柱的截面为长方形、圆柱的截面为圆形。锥体，指的是上下截面的面积对比明显的几何体。其中，圆锥的截面为圆形、棱锥的截面为方形。球体，指的是从任何角度通过中心的截面都呈现为同一个正圆的几何体。其中，椭球体的截面有变化而不同。

根据基本几何体的一个或多个属性发生变异的分类：不规则几何体。根据z轴（竖向轴）变化的体，具体包括z轴的方向性变化、z轴生长过程中的截面变化两种。其中，z轴的方向性变化会产生明显的体态扭曲，截面变化会产生丰富的视觉“肥瘦”效果。

根据体的内部空间虚实情况的分类：实体、虚体。实体，指的是体内部由一种或者多种材质进行了完整的填充；虚体，指的是体内部没有被材料完全填满，存在一定的空白。

③ 体的扩展分类

在现实生活中任何有体积的物体，包括自然和人造物、具象和抽象物，以及存在体状观感的体状物，都可以称之为体，例如人体、冰箱、汽车、建筑等。

(2) 竖向空间的繁殖

三维空间作品与二维艺术比较，最大的区别就是“z轴”丰富的竖向空间。研究z轴繁殖的基本方法，获得作品竖向生长的思考能力是创作空间作品的重要环节。

① 竖向繁殖的方向轨迹

一般来说，竖向繁殖的方向轨迹，包括直立式、垂吊式、上下结合式、左右结合式、侧下（上）式等，如图3-7所示。

图 3-7 竖向繁殖的轨迹类型

直立式：又称地面直立式，指的是竖向生长的轨迹自下而上，作品从地面开始向上部空间繁殖的模式。

垂吊式：指的是竖向生长的轨迹自上而下，作品从上方垂吊处开始向下部空间繁殖的模式。

上下结合式：指的是竖向生长的轨迹由上下两点出发向中间聚集，作品存在两条竖向轨迹，在上下底面之间繁殖的模式。

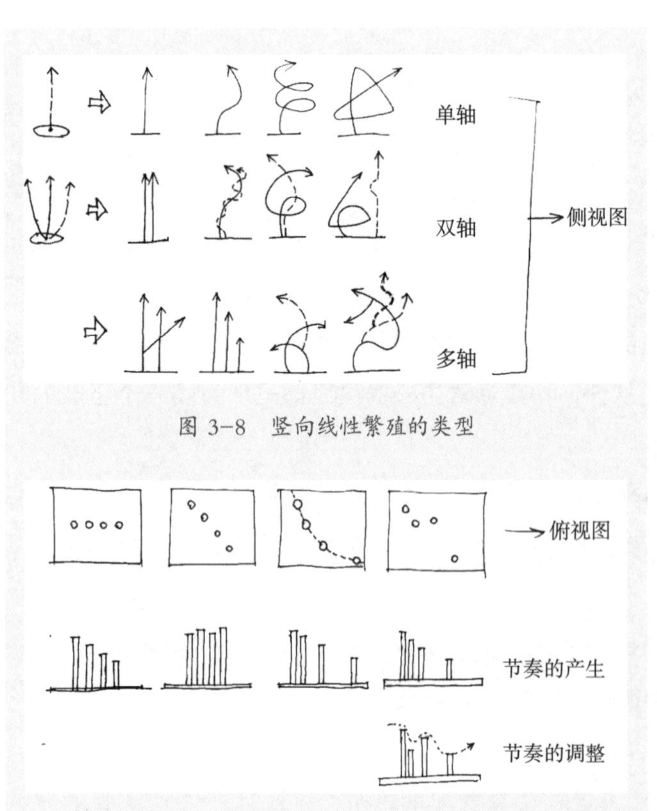

图 3-8 竖向线性繁殖的类型

图 3-9 竖向线性繁殖的多视角节奏设计

左右结合式：指的是竖向生长的轨迹从预设的左右边界向中间聚集，作品存在两条水平轨迹，在左右界面之间繁殖的模式。

侧下（上）式：指的是竖向生长的轨迹从左侧（右侧）和地面（顶面）同时出发而汇集，作品存在两条轨迹相互呈角度相交的繁殖模式。

② 竖向繁殖的思维方法

线性繁殖：指的是空间作品的竖向繁殖轴线是明确的线性轴线，可以分为单轴、双轴和多轴等类型，每一类型又包括直线、弧线、螺旋、不规则等多种线性繁殖的情况，如图3-8所示。

线性繁殖是最基本的空间生长形式，不仅可从侧视图观察和调整，亦可以从俯视图中进行繁殖的变化，空间错位、间距控制、疏密分布等都可以得到丰富的节奏感，如图3-9所示。

空间竖向创意，除了线性繁殖的类型，还包括面化与体化繁殖、渐变与突变繁殖等，如图3-10所示。

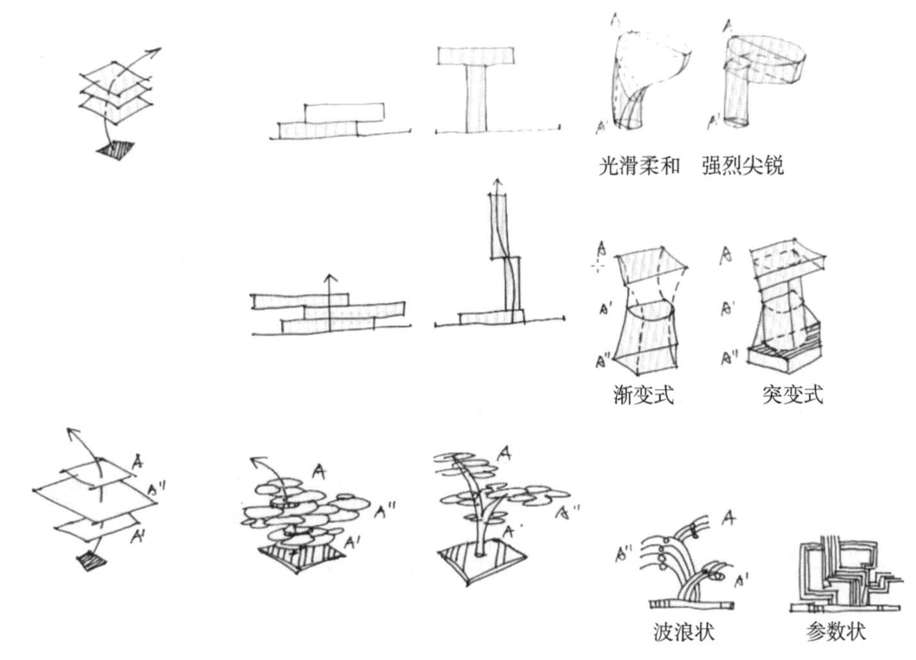

图 3-10　竖向空间的繁殖类型

面化与体化繁殖：指的是空间作品的竖向繁殖没有明显的线性可循，呈现出分层演化、连绵扩张的态势。

渐变与突变繁殖：根据面体化繁殖的变化节奏进行的分类。渐变式的效果一般是光华柔和，突变式的效果一般是尖锐突兀。

一般来说，面体化繁殖可以分为星云状、树状、波浪状、参数化等模式，实际思维中往往根据作者的美感和认知进行生长，间或出现不规则的意识流状态。面体化繁殖，需要注重整体的观赏与细节的推敲，创作过程常见"总分总"设计。

星云状繁殖：类似星云般的发散，相互连理扩展、层层叠嶂，一般呈现出饱满、安详、梦幻的视觉效果。

树状繁殖：类似树干生长的繁殖，主干与分支结构明显，树梢处分层扩展，一般呈现出生机、秩序、亲切的视觉效果。

波浪式繁殖：类似波浪涌动的繁殖，前后簇拥、前仆后继，一般呈现出生命、激情、浩瀚的视觉感受。

参数化繁殖：类似程序代码的繁殖，采用计算机语言进行编程制作，一般呈现出逻辑、理性、科技的视觉感受。

5. 空间单位型繁殖之结构创造的美学标准

(1) 多样与统一

既要变化中求统一，又要统一中求变化。

(2）整体与细节

既要注重整体效果，又要注重细节刻画。

(3）现代与传统

既要注重现代材料工艺的应用，又要注重传统元素继承。

(4）文化与风格

既要注重文化风格的统计，又要注意细节推敲的创新。

6. 空间创意作品的形式美营造

(1）尺度和大小

尺度，用于表示空间（物体）的尺寸和形状，涉及具体的尺寸大小。

空间尺度，要注意和人体大小的相对关系，衍生出人机工程学。

(2）对比和比例

对比，把具有明显差异、矛盾对立的双方安排在一起，进行对照比较的设计表现手法。

比例，指一个总体（或样本）中各个部分的数据与全部数据之比，通常用于反映空间的构成或结构。

(3）节奏和韵律

节奏，是一种规律性的重复。节奏本身在音乐中是指音响节拍轻重缓急的变化和重复，具有一定的时间感。

韵律，是随节奏变化而产生的，通常是指有规律的节奏经过扩展和变化所产生的流动的美。

(4）均衡和对称

均衡的形态设计让人产生视觉与心理上的完美、宁静、和谐之感。对称是同等同量的平衡，包括左右对称、上下对称和放射对称；还有以对称面出发的反转形式。其特点是稳定、庄严、整齐、秩序、安宁、沉静。

(5）肌理和特异

肌理，是指由于物体的材料不同，表面的组织、排列、构造各不相同，因而产生粗糙感、光滑感、软硬感。

特异，是指在保证整体规律的情况下，小部分与整体秩序不一致，但又与规律不失联系。

(6）层次与图底

层次是指系统在结构或功能方面的等级秩序。

设计层次，又称为视觉次序，指的是空间整体中的强弱、主次之分，与用户体验关系紧密。

图底关系是最大的层次，图底关系是互补的。如何组织图形和背景的关系是设计的重要方面。

7. 空间创意作品的重点句式

结合教学理论和实践，归纳出空间创意中最基本的五种句式：虚实与阴阳；过渡与衔接；抽象与几何；解构与重构；模仿与仿生。

第二节　空间的虚实与阴阳

1. 空间虚实的相关概念

虚实：虚假和真实、虚幻和现实。所谓“虚中有实，实中有虚，虚实互换，不可截然割裂开来”。《韩非子·安危》有云：“安危在是非，不在强弱；存亡在虚实，不在众寡。”从意境的角度来说，虚境是指由实境诱发和开拓的审美想象的空间，虚境通过实境来实现，实境要在虚境的统摄下来加工，虚实相生成为意境独特的结构方式。

文学艺术中的虚实与阴阳，一方面指的是神仙鬼怪的世界和梦境，文人往往借助这类虚无的境界来反衬现实；另一方面指的是已逝之景（境），这类虚景是作者曾经经历过或历史上曾经发生过的景象，但是现时却不在眼前；最后也指设想的未来之境，这类虚境是还没有发生的。

空间艺术中的虚实与阴阳、图底关系转换关系紧密。其中，实空间，一般指的是由传统的六个面组成的具体形象空间；虚空间，一般指的是由缺少1个或者多个面（或1个面的一部分）组成的一种空间界定，虽然抽象虚无，但是在心理层面感受明显的空间。

2. 虚实与阴阳的句法

空间词句法则：虚实与阴阳

空间设计的类型：建筑、景观、展示、室内、产品……

空间体现的位置：整体、立面、顶面、地面、墙面、产品……

空间形态的素材：点、线、面、体……

空间美学的原则：对比、尺度、韵律、排比、符号……

（1）面的虚化与虚化的面

实面，是边界清晰、内部饱满的区域，一般具有较强的识别性。虚面，与实面相反，其边界和围合区域都不明确，往往需要通过人脑的想象去弥补“空白”。一般来说，可以通过“减法”手段进行面的虚化处理，也可以通过“加法”手段进行虚化的面的创作，如图3-11所示。

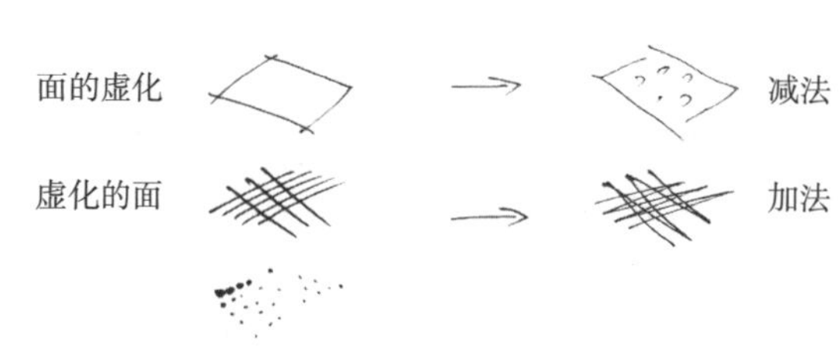

图 3-11　面的虚化与虚化的面

（2）虚实面（体）共同构成的空间

实际的空间作品，一般会同时运用虚实和阴阳的句法展开创作，如图3-12所示。利用虚实的比例关系、尺度设计和对比关联以构成作品。其中，比例技巧可以设计虚实的比例，尺度技巧可以在比例相同的情况下产生完全差异的视觉感受，对比技巧将作品虚实与细节的材料、大小、肌理等融合使用会产生精致和高级感。

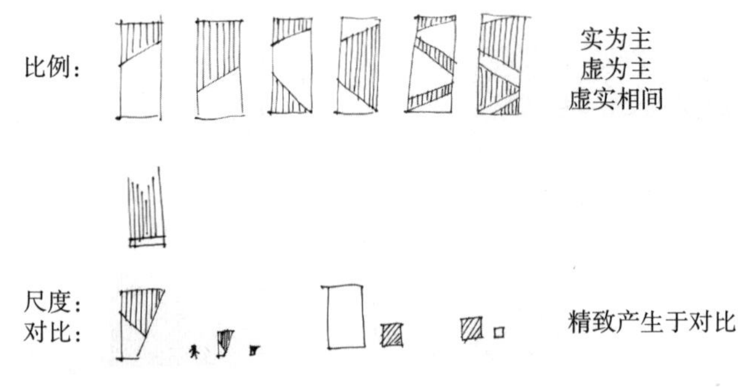

图 3-12 虚实面（体）共同构成的空间

（3）直线与弧线形制的虚实空间

针对虚实创意的思维训练，可以通过最基础的直线与弧线分割、“直线＋直角”与“弧线＋圆角”的方法进行，如图3-13所示。图中I处，分别描绘了运用直线与弧线分割空间产生阴阳虚实效果的相交、包含和贯穿三种状态（阴影部分为虚空间）。图中II处，是“直线＋直角”与“弧线＋圆角”的三种状态立面图。

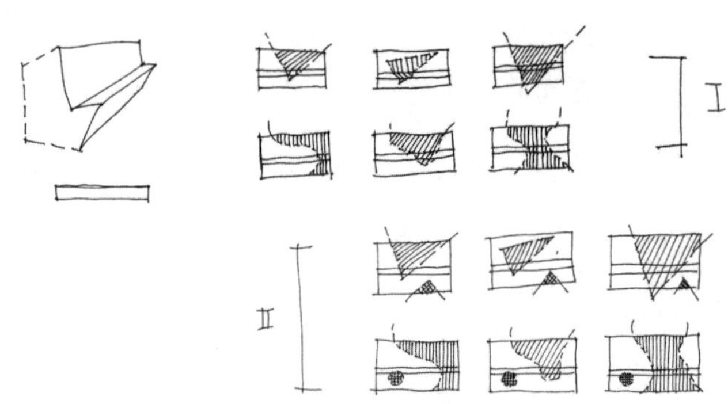

图 3-13 直线与弧线形制的虚实作品立面图

在平整的方形立面内，由直线的虚实分割产生尖锐、时尚和动感的视觉感知，“直线＋直角”会强化此种感知；弧线的虚实分割产生润滑、绵柔和亲和的视觉感知，“弧线＋圆角”更加显得空间灵活，如图3-14所示。

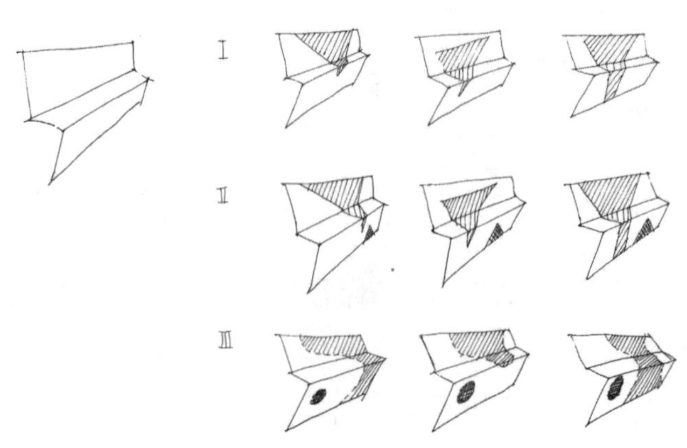

图 3-14 直线形制虚实作品的透视图

得益于“底”方形立面的平稳性格，当“图”的虚空间与实空间相交和包含时，虚空间在呈现局部融入的时候会出现类似“开窗”的感觉，创意效果是贯通视线、连续空间。当虚空间与实空间贯穿，呈现接近50%面积的时候会出现“门墙”的感觉，由于后方物体更多的可视而出现更加强烈的好奇心与空间放大的效果。直角与圆角的叠加运用，会成为视觉中心，对于空间重心的稳定意义重大。

得益于“底”弧形立面的光润性格，当“图”的虚空间与实空间出现相交、包含或贯穿状态时，都会出现明显的柔和、润滑和亲和的感知，如果再设计“圆角”辅助，会更加明显地感受到空间的灵活时尚之亲和力。此手法在当前的商业展示中运用较多，如图3-15所示。

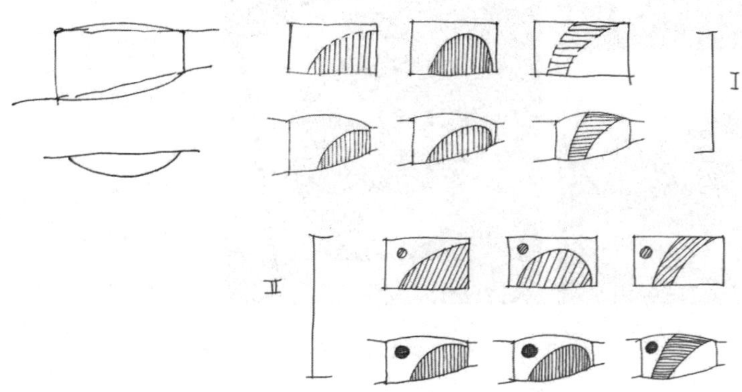

图 3-15　弧线形制虚实作品的透视图

(4) 虚实空间创作的“替换”思维路径

对于虚实空间的创作过程，可以灵活利用“替换”技巧展开，如图3-16所示。

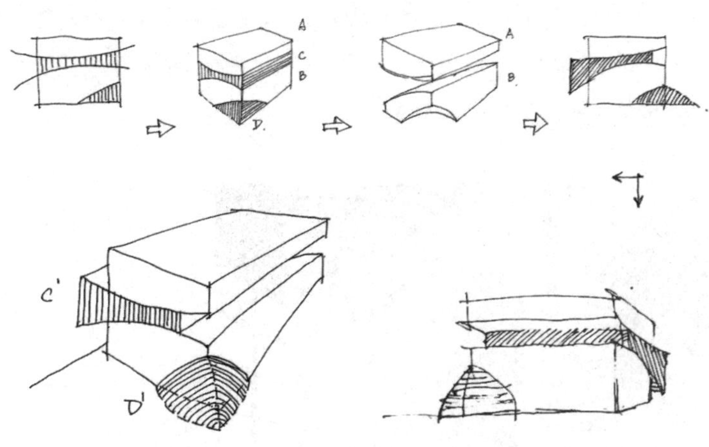

图 3-16　虚实空间创作的“替换”思维路径

首先，确定工作的“底图”区域，选择基本的线型进行空间的虚实分割；

其次，针对初步分割完成的空间，在空间六视图和透视图中进行检查，优化分割；

再次，将部分分割的空间整体删除，并提取保留空间的全部或者边缘线，在此基础上创造新的虚空间替换；

最后，在空间六视图和透视图中检查效果，添加细节，完成创作。

3. 虚实与阴阳的案例

案例1：东方传统庭院的虚实与阴阳（图3–17）

【空间词句法则：虚实与阴阳】

苏州园林的空间……
点线面体

视觉叠加
整体虚实
以小见大……

图 3–17　东方传统庭院中的虚实与阴阳

整体造型外墙由黑白色做对比，深色部分为屋顶瓦片，浅色部分为墙的立面。此种方法为虚实空间整体连续对比的方法，技巧为比例、色彩、精巧度。实空间需要借助表现的体，是以人工的山水等为主要元素做的空间；虚空间以方形、圆形、葫芦形的镂空设计，将墙体打开用来借景，为次要元素做的空间。虚实空间的比例得当，使墙面变得轻盈，用不同形状的镂空展示不同的画面，视觉刺激明显，视觉韵律丰富。

整体空间：主要采用颜色对比的设计语言，精巧简洁，传统文化展现得淋漓尽致。细节设计：疏密得当，肌理有致，颜色对比显著，具有本身的设计语言，山水摆设位置等细节丰富。色彩：灰色白色系列的双拼配比合理，大面积白灰外墙感觉高大上，小面积红色感觉温馨有人情味。

案例2：景观空间中的虚实与阴阳（图3–18）

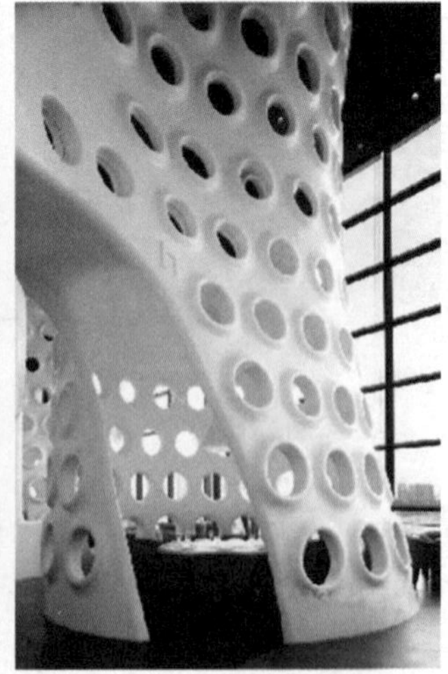

【空间词句法则：虚实与阴阳】

室内景观构筑、室外景观构筑……
点线面体
单位型、繁殖……

图 3–18　景观空间中的虚实与阴阳

整体立面的白色造型外墙与黑色地面、顶面做对比，突出白色整体造型。此案例采用了虚实空间整体连续对比的方法，技巧为镂空、扭曲。实空间需要借助表现的整体造型，是以扭曲的圆柱体等为主要元素做的空间；虚空间以圆形镂空设计，将圆柱打开多个圆形用来将空间做得通透，为次要元素做的空间。虚实空间的比例得当，使圆柱体变得轻盈，用镂空的圆做肌理展示不同的画面，视觉刺激明显，视觉韵律丰富。

整体空间：主要采用造型的设计语言，采用连续不断的圆，使空间充满韵律感、造型感。细节设计：疏密得当，肌理有致，颜色对比显著，具有本身的设计语言，细节丰富。色彩：灰色白色系列的双拼配比合理，大面积白色不会生硬，多个圆丰富画面且串联整个设计。

案例3：建筑空间中的虚实与阴阳（图3-19）

【空间词句法则：虚实与阴阳】

摩天大楼外部空间……

点线面体

特异、比例……

图 3-19 建筑空间中的虚实与阴阳

整体造型由外墙面的肌理做对比，横向装饰线与网格装饰线突出整座大楼整体造型。此案例采用虚实空间对比的方法，在黄金比例处做变化，技巧为镂空。实空间是大楼的整体造型，是以实体的墙面、玻璃等为主要元素做的空间；虚空间以楼层的镂空设计，将楼层在黄金比例处做通透，为次要元素做的空间。虚实空间的比例得当（约为黄金比例），视觉刺激明显，视觉韵律丰富。

整体空间：主要采用实体的设计语言，采用意料之外的镂空设计，使空间变轻盈，且有美感。细节设计：肌理有致，在镂空处设计上植物与现代建筑对比强烈，独具匠心，具有本身的设计语言，细节丰富。色彩：灰色系列配比合理，大面积灰色不会觉得沉闷。

案例4：展示建筑空间中的虚实与阴阳（图3-20）

售楼处展示空间的整体造型由外墙与内墙组成空间，其中外墙由线装特形窗户组成，内墙由玻璃隔断组成，整体空间通透明亮，点缀以挑高设计，感觉大气现代。此案例采用虚实空间搭配、局部空间对比的方法，外墙的实空间与玻璃幕墙的虚空间，巧妙形成虚实对比。实空间是建筑的整体造型，以实体墙面等为主要元素进行创造；虚空间是内部的玻璃幕墙设计，是以玻璃幕墙隔断营造通透的效果为主要元素做的空间。虚实空间的比例得当，相互映衬构成整体，辅助以灯光、家具等，视觉感受明显，视觉韵律丰富。

整体空间：主要采用基于实体设计语言的虚空间创造，采用玻璃幕墙隔断打造通透虚空间，将整体

【空间词句法则：虚实与阴阳】

北京某房产公司展示的外内部空间
点线面体
整体、搭配……

图 3-20　展示建筑空间中的虚实与阴阳

变得轻盈，视觉面积得到扩展。细节设计：吊灯、座椅等，都具备方方正正的设计元素，大量重复直线语言的运用，具有大气、坚韧的设计效果，同时细节很丰富。色彩：浅色系配比合理，大面积浅色为底、小面积深色为图，相互搭配、配比适度，空间色彩效果良好。

第三节　空间的过渡与衔接

1. 空间过渡与衔接的相关概念

过渡：从一个空间进入另一个空间。衔接：相互连接的空间。过渡与衔接，指的是事情或事物由一个阶段逐渐发展而转入另一个阶段。文学中的过渡是使文章连贯、结构严谨的一种方法。苏轼《荆州》诗之五："野市分獐闹，宫帆过渡迟。"

空间艺术中的过渡与衔接，指的是从一个独立空间进入另一个独立空间，或从某空间的一部分进入另一部分，其中连接两个空间（部分）的区域。过渡与衔接，着重处理衔接部分的材料、虚实、位置和视点等的变化情况，通过创意技巧而获得。

2. 空间过渡与衔接的句法

关于空间的过渡与衔接，有多种方法，其中依据空间尺度的划分进行分类思维简单有效，如图3-21所示。

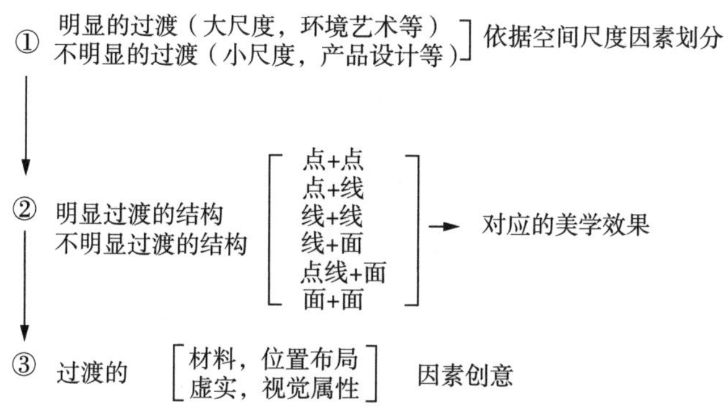

图 3-21　空间过渡与衔接的基本思维路径

针对大尺度空间，例如户外景观设计、建筑空间设计、展示艺术设计等与人体相比较大的环境等，创意句法适宜采用明显过渡类思维。针对小尺度空间，例如产品设计、工业设计、文创设计等，创意句法适宜采用系统过渡类思维。过渡句法相关的造型结构围绕“点、线、面、体”的元素展开，通过分析不同搭配的美学效果来最终确定。

（1）空间过渡衔接的基本类型与扩展

研究关于空间过渡衔接的思维方法，可以从类型着手，现设计由五个小正方体相互衔接构成一个空间作品为例，如图3-22所示。Ⅰ中的线性衔接是最基本类型，可以相互连续或者不连续。Ⅱ中的线性衔接发生了规律性的错位，比Ⅰ中的过渡丰富。Ⅲ中的错位规则更加多变，过渡语言也更加丰富。

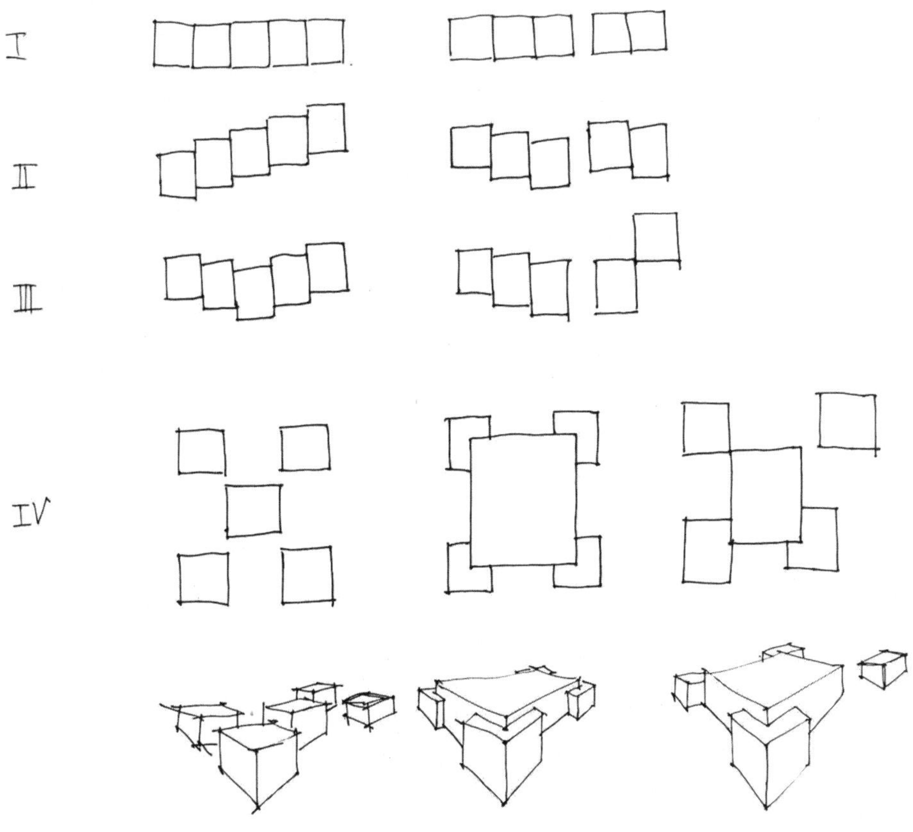

图 3-22　空间过渡衔接的基本类型与扩展

Ⅳ中引入了小正方体大小高低的变化，尤其中间和右侧的融合与空间位置改变，将几何规整的秩序变得活泼轻松。在实际的空间创作中，继续进行材质、肌理、色彩等因素引入，最终会得到五彩缤纷的空间作品。

(2) 小尺度空间的过渡衔接

在展示细节（展台、展架、陈设等）、产品设计、工业设计等小尺度空间中，由于人眼可以采用“上帝视角”观察到空间的细致微妙，因此适宜采用整体性的过渡衔接句法，思维创作将围绕特征的营造和强化展开，如图3-23所示。

第一步，设计和确定空间特征。一般来说，空间特征的获取途径为：“特征灵感—解构重构—特征提取—特征强化”。在实际创作中，可以从自然与人工形态中寻找灵感。第二步，先采用减法提取关键，再运用加法扩展强化，采用有机形态、圆润形态、尖锐形态等进行空间特征的构建。其中，有机过渡造型的优点是生命感强、视觉流畅，但是制造成本较高；圆润过渡形态的优点是饱满完整、模块安装，但是作品整体性需要关注；尖锐过渡造型的优点是动感时尚、制作便捷，但是需要避免碎片化的趋势。

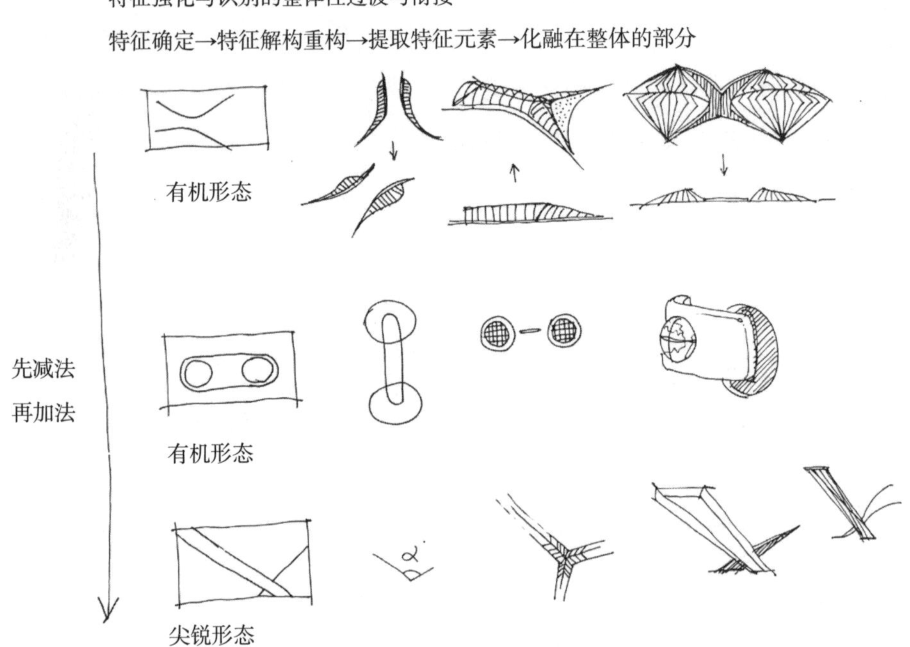

图 3-23 小尺度空间基于特征强化的过渡与衔接

(3) 大尺度空间的过渡衔接

在展示整体空间、室外环境设计等大尺度空间设计中，由于所看之物基本是远大于人体尺寸的“大”物件，多采用仰视、远视、平视等视角，适宜将空间过渡衔接理解为特定的“缓冲区”设计，如图3-24所示。

第一步，明确缓冲区的边界和特点，建立两个空间之间的缓冲廊道。分析两个空间的特征，如角度、虚实、肌理、解构等。第二步，确定过渡衔接的类型，在点、线、面、体中选择合适的造型元素。第三步，进行空间过渡的缓冲区创造，达到功能与美学的平衡。

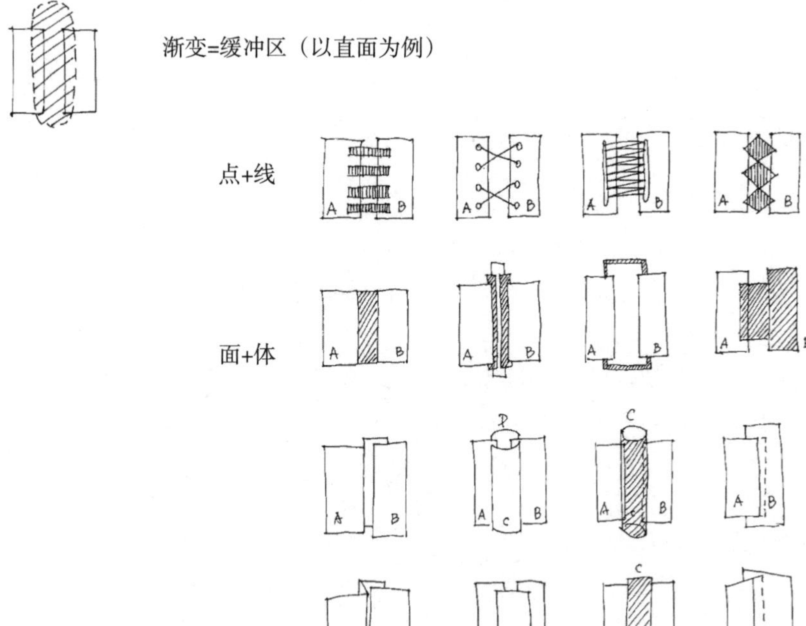

图 3-24　大尺度空间的“缓冲区”过渡的常规思维类型

(4）竖向高度对大尺度空间过渡衔接的影响

在大尺度空间过渡衔接的作业中，务必要关注竖向高度对作品效果的影响，如图3-25所示。在图中由三段墙构成的简单空间中，墙体的高度与通透度（虚空间情况）、倾斜度、分离度等因素一起，综合形成空间的视觉效率。

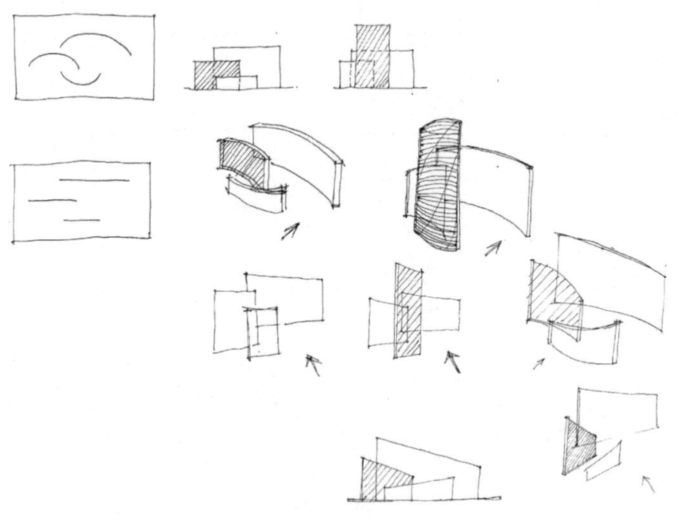

图 3-25　竖向高度变化对空间过渡视觉效果的影响

(5）大尺度空间静态观赏下的过渡衔接

空间造型艺术与视觉感知分析紧密相连，贯穿创作始终。一般来说，视觉分析包括静态和动态两类。其中，大尺度空间过渡衔接的静态分析对象主要包括视域景深度、视宽视高比、视线通透度、视线遮挡率、视线节奏感等方面，并将分析结果用于方案优化，如图3-26所示。

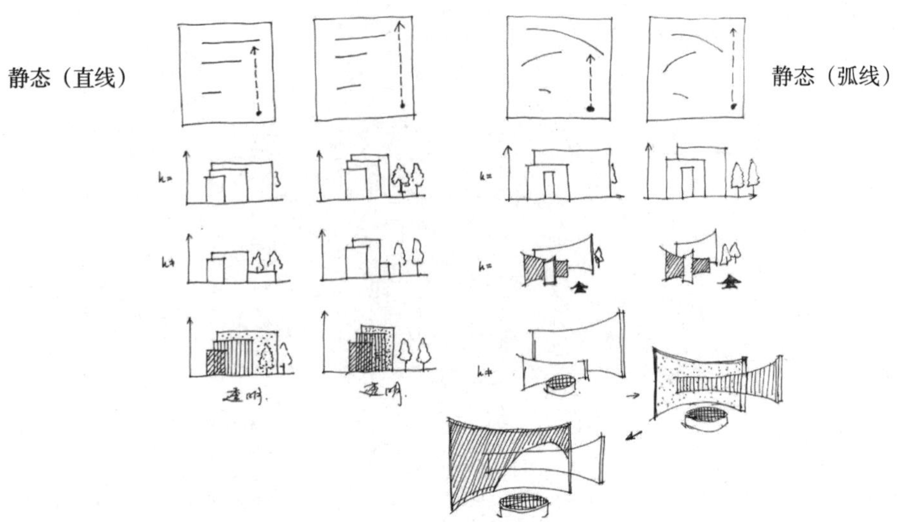

图 3-26　大尺度空间的“静态”视觉过渡思维创作

(6) 大尺度“U/L 型”空间动态观赏下的过渡衔接

从展厅动态视域来说，大尺度“L 型”开放空间最为常见，如图3-27所示。图中Ⅰ区是“U型”展示空间四种常见的动线图，“U型”相对私密性较好，适合长时间驻足观赏，一般将较重要的展品置于此区域。图中Ⅱ区是“L型”展示空间八种常见的动线图，“L型”相对空旷，人员流动性较高，适合系列展品的观赏，通过设置1个或多个视觉观赏敏感点控制人流，最终实现空间的过渡与衔接。

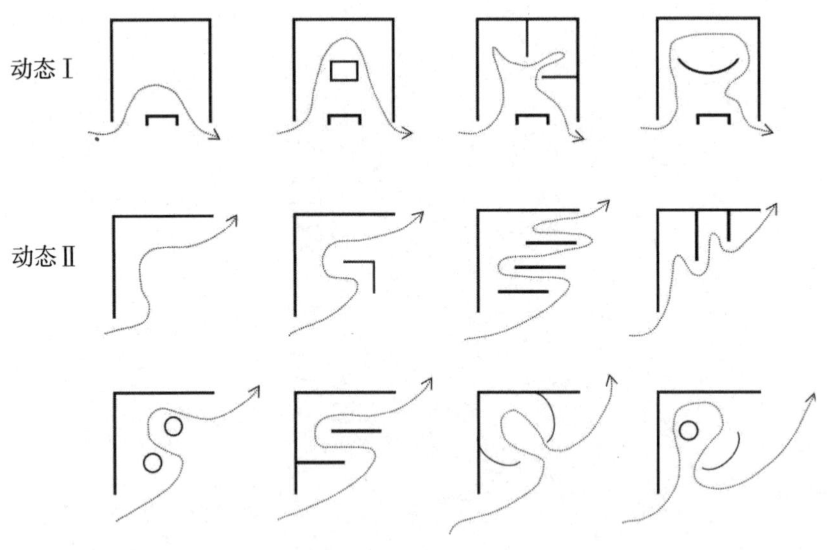

图 3-27　大尺度“U\L 型”开放空间的“动态”视觉过渡思维创作

(7) 大尺度“口型”空间动态观赏下的过渡衔接

大尺度“口型”封闭空间，一般常见贯穿式的动线设计，如图3-28所示。此类空间的过渡衔接，主要利用人为添加的展墙实现。图中Ⅰ区中列举了最基础的三种置墙做法，实际创作中可以通过丰富展墙的细节、辅助灯光和色彩等方法来提升空间氛围。图中Ⅱ区中是“口型”的变体示意，运用墙体隔断的分裂、叠置、偏移等方法来获得更加具有艺术气息的“空间底图”。

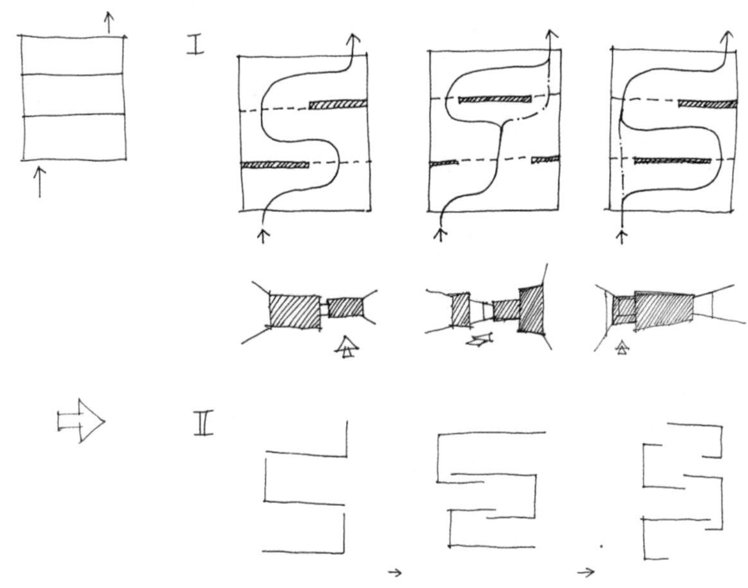

图 3-28　大尺度“口型”封闭空间的“动态”视觉过渡思维创作

3. 空间过渡与衔接的方法

空间词句法则：过渡与衔接

空间设计的类型：室内展示、建筑景观、产品造型……

空间体现的位置：整体、立面、顶面、地面、墙面、产品……

空间形态的素材：点、线、面、体……

空间美学的实现：视线、分割、渗透、层次、尺度、韵律、对比……

4. 空间过渡与衔接的案例

案例 1：宝马汽车的过渡与衔接（图3-29）

【空间词句法则：过渡与衔接】

空间设计的类型：汽车产品

空间体现的位置：整体、立面、细节

空间形态的素材：点、线、面、体

空间美学的实现：渗透、层次、韵律

图 3-29 宝马汽车的过渡与衔接

汽车整体造型由深色做气场的铺垫，车身为流线型，不但风阻变小，还可以使汽车外观更具现代感。此案例采用空间整体之间的过渡与衔接的方法，技巧为连接过渡自然。车头部分是车企家族的设计语言，采用极具攻击性的大灯，大面积的进气栅与向后倾斜的面做衔接，车头极具识别性。车身部分的流线，整个面不会过于平，有很好的过渡作用。尾部的视觉效果和前脸一致，起着衔接的作用。整体视觉效果年轻了不少。

整体空间主要采用家族的设计语言，流线型的年轻感，极具进攻性的大灯以及双肾设计的进气栅。细节设计上车身腰线采用黄金比例切分，在视觉上过渡得十分舒适，车头与车尾相衔接。折线在车身上应用居多，反映年轻人的追求。

案例2：JEEP汽车的过渡与衔接（图3-30）

整体造型有方正棱角的硬汉气质，车身为正方形，越野车主要考虑本身的越野性，所以不用考虑风阻油耗舒适等，直来直去的外观更具冲击力。此案例采用空间整体之间的过渡与衔接的方法，技巧为连接过渡凸显硬派风格。车头部分是车企家族的设计语言，采用极具识别性的大灯，有着沉稳的气场。车身采用较少的流线，不会过于花哨，也与其他面相呼应，有很好的过渡作用。尾部依旧延续了简约的设计样式，与车头相呼应。

整体空间主要采用家族的设计语言，沉稳的设计，过渡衔接不会夸张，越野性突出。细节设计上棱角的转折，在视觉上过渡得十分硬朗，车头与车尾相衔接。直线在车身上应用居多，有强烈的视觉冲击力，反映个性追求。

【空间词句法则：过渡与衔接】

空间设计的类型：汽车产品
空间体现的位置：整体、立面
空间形态的素材：点、线、面、体
空间美学的实现：渗透、层次、对比

图 3-30 JEEP 汽车的过渡与衔接

案例3：奥迪汽车的过渡与衔接（图3-31）

【空间词句法则：过渡与衔接】

空间设计的类型：汽车造型

空间体现的位置：整体、立面、细节

空间形态的素材：点、线、面、体

空间美学的实现：定位、渗透、层次

图 3-31　奥迪汽车的过渡与衔接

整体造型由带有弧线的前引擎盖及车尾贯穿，车身非常板正，像是穿着恰当得体而不浮夸的优质正装的男子，极具商务性。此案例采用空间整体之间的过渡与衔接的方法，技巧为连接过渡凸显商务性。车头部分是车企家族的设计语言，采用极具识别性的进气栅以及低调的车身流线，有着沉稳的气场；体式进气格栅、LED大灯、旋风腰线、风格独具的顶部线条和尾部造型，这些独一无二的设计元素成就了奥迪家族的纯正血统，这些元素也相互过渡衔接。

整体空间：主要采用家族的设计语言，沉稳的设计，过渡衔接不会夸张，低调且风格明显。细节设计上弧度的转折，在视觉上过渡得十分顺畅，车头与车尾相衔接。弧线在车身上应用居多，有强烈的视觉冲击力，反映个性追求。

第四节　空间的抽象与几何

1. 抽象与几何的定义

抽象，指的是从众多的事物中抽取出共同的、本质的特征，并舍弃非本质特征的过程。几何，源于希腊语，指土地的测量，现指研究空间结构及性质的一门数学学科。

空间设计中的抽象与几何，来源于第一自然的形态，经过设计师大脑的归纳、总结、简化等步骤，从而获得简单抽象的几何形用于空间艺术。运用抽象与几何的句法，创造单位型和繁殖，获得较为理性的作品。

2. 空间创意中抽象与几何的思维方法

研究空间创意中的抽象与几何设计思维方法，可以从加减法、动植物（生命体）以及设计基本要素的关键特征组合等多种形式着手。减法，主要针对繁多复杂的设计形态进行抽象简化，以基本几何体的形态呈现；加法，则以夸张、强化等手段，对形体的几何特征进行放大与叠加，如图3-32所示。

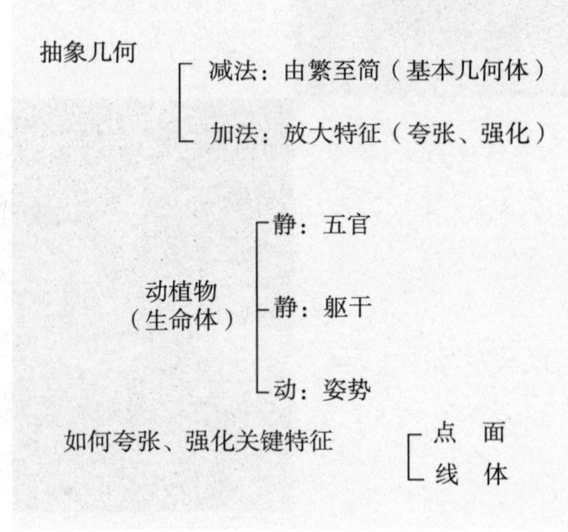

图 3-32　空间创意中抽象与几何的思维方法

（1）抽象几何体的加减法

空间创意的设计灵感主要来源于第一自然，以动植物等生命体的基本形态作为抽象与几何对象，以动、静对比之方式进行元素凝练，动态以动植物运动之姿为主要对象，静态则对五官、躯干、肢体等的基本物质进行变形。

对空间结构体进行抽象几何处理时，以其结构中的点线面体基本特征为主要变形对象，以加减法方式对其变形，如图3-33所示。点的处理方式，提取正方体角点元素（一角三棱）为对象，对其进行重复、壳处理以及切角，让其形成具有虚实对比的结构空间，以丰富空间形态对比；线的处理方式，取正方体一棱为元素形态，以加法的方式，对其元素形态进行夸张、强化，丰富层次架构，以间隔、错落、穿插等组合形式丰富空间形态；面的处理方式，对正方体平面进行处理，以顶视视角观察平面形态，以切割、均分、比例、有机等多种方式对其平面形态进行分割，使其面形态具有多重元素结构，后期进行空间处理时，则可参考面的组合形式进行空间组合。

（2）动植物等的加减法

第一自然中的动植物作为设计师灵感的来源，可以从其外观、体量、形态、结构、比例等多方面进行设计思维练习。以恐龙为例，设计时，可对其外观进行简化处理，提取其外部轮廓，并以几何体的形式进行组合，研究其点线面的构成方式与形态感；或以其动物体的骨骼结构为参考，分析其空间构成形态、比例形态、高低形态等，以此为参考，进行设计演变。（图3-34）

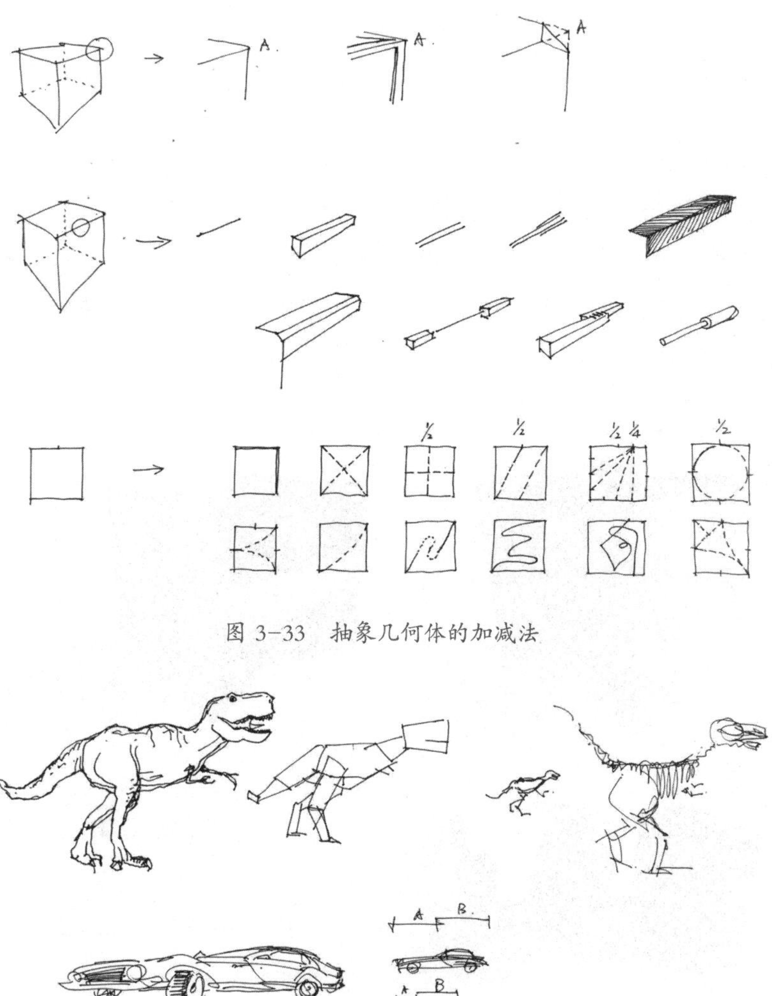

图 3-33　抽象几何体的加减法

图 3-34　动植物等的加减法（1）

第一自然的动物形态抽象与几何简化，如熊猫，对其头部形态进行抽象，转化为多球体组合形式，进而简化成线条构成模式，最后以减法方式，以线条的形式保留其形态符号与元素特征；又如羚羊，以同样的方式，对其头部特征进行抽象、简化，最后以极简的线条形式保留其嘴部轮廓与羊角形态。（图3-35）

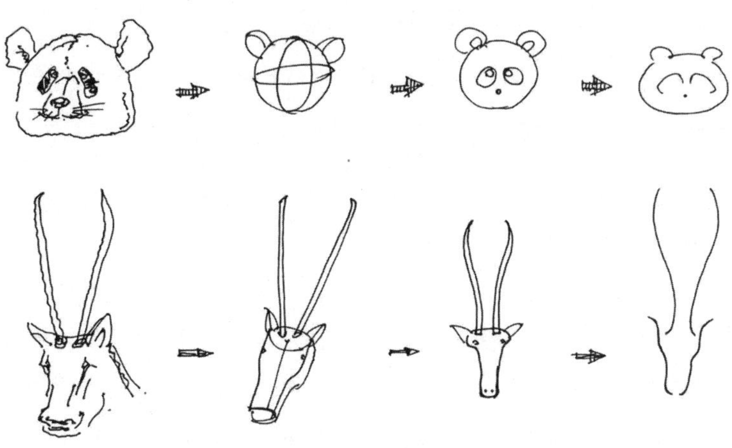

图 3-35　动植物等的加减法（2）

3. 卡纸的家具设计案例

(1) 榫卯结构的抽象与几何

榫卯结构的造型十分独特抽象，榫卯结构整体由瓦楞纸穿插拼接组成，整体造型从俯视角看类似两个三角形拼接，形似沙漏，功能上看，瓦楞纸牢固结实耐用，如图3-36所示。此种方法是将普通结构抽象化，将复杂的结构简化为简单的几何结构，再将简化过的几何榫卯形态解构，去除华而不实的功能，利用传统的榫卯解构进行组装连接。

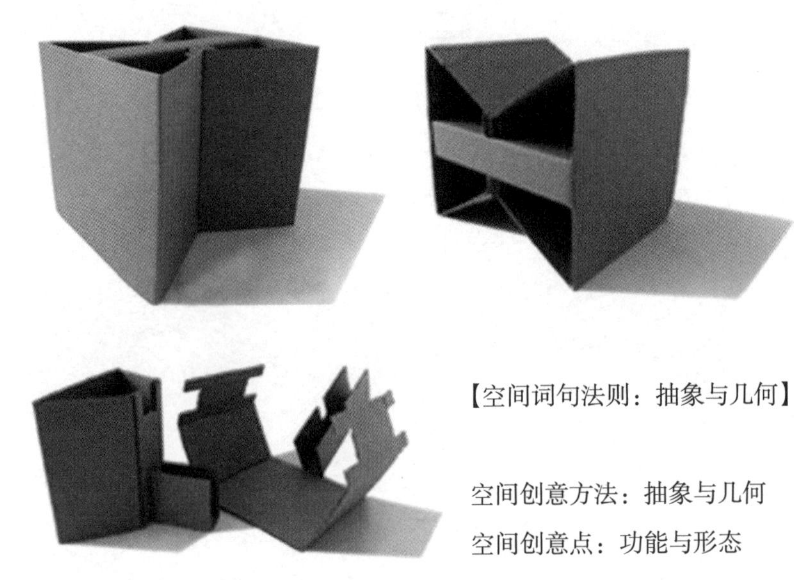

【空间词句法则：抽象与几何】

空间创意方法：抽象与几何
空间创意点：功能与形态

图 3-36 榫卯结构的抽象与几何

抽象造型是由整个结构造型抽象化表达做的造型。榫卯结构去除了烦琐的装饰，简化为两个拼接而成的梯形立柱，连接起来的榫卯结构形似沙漏，连接处类比横梁，起到稳固作用。几何结构是由整个内部和外形结构简化为几何体做的结构。瓦楞纸裁剪成合适的几何面拼接为简单的几何体榫卯，最终将榫卯结构组装。榫卯抽象造型与几何结构的运用方法得当，结构几何形态明显，简化结构既简单又牢固，造型上抽象化。

整体空间主要采用将几何体按照榫卯结构拼接的设计方法，造型简单抽象，功能上牢固可靠。瓦楞纸拼接严丝合缝，榫卯结构连接处坚实牢固，确保了美观与实用，实现了形态与功能的统一。

(2) 瓦楞纸家具陈设的抽象与几何

① 案例1（图3-37）

沙发的造型整体由一个简单圆锥体和圆弧体组成，形态上十分抽象简单。圆锥体内部镂空设计，可以放置物品；圆弧体分成两个部分，一半用于坐立，一半用于置物。这是将具体的物体形象抽象化简单化的方法，物体的功能性保留，造型上抽象为简单的几何形态，内部结构几何化，采用简单的几何拼装，组装后的体态上保留几何形态。

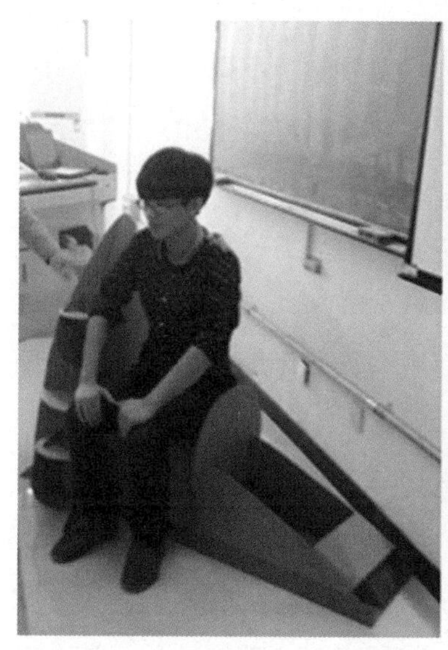
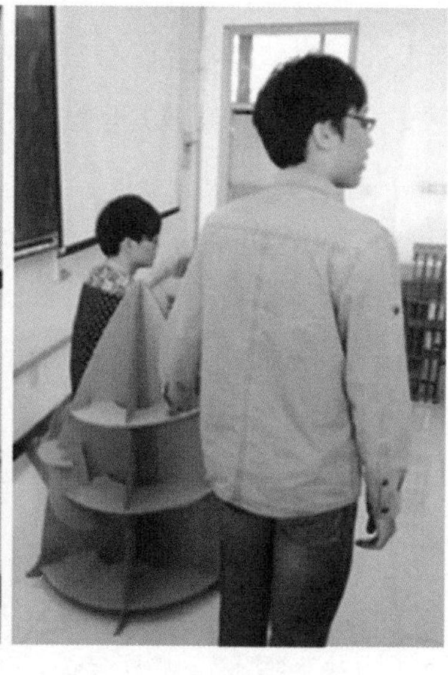

【空间词句法则：抽象与几何】

空间创意方法：抽象与几何
空间创意点：功能与形态

图 3-37　瓦楞纸家具陈设的抽象与几何（1）

抽象形态是由物体原本造型抽象化，概括成简单的几何形态。此物品的置物架抽象为镂空的圆锥体，并留有三层空间；坐立部分抽象为简单的长方体，并留有圆角弧度用于置物。

几何结构是由简单的几何体组成的，物体的内部结构保有最初始的几何结构，锥体与方体的骨架都是几何体的结构。

物品的抽象造型与几何结构的运用方法得当，结构上锥体与方体的几何形态明显，造型上美观大气又抽象化。

整体形态：主要采用流线型的设计理念，避免了尖锐的直线造成的钝感，将方体与锥体完美结合起来，既美观又实用。细节造型上锥体与方体之间的过渡润滑不僵硬，锥体空间镂空设计，既显示出内部结构，又留有充足的置物空间。

② 案例2（图3-38）

【空间词句法则：抽象与几何】

空间创意方法：抽象与几何
空间创意点：功能与形态

图 3-38　瓦楞纸家具陈设的抽象与几何（2）

物体的造型整体为正方体，内部是镂空设计。整体造型由正方体构成，正方体由五个面组成，四个面做了支撑设计，正对的面做的隔断设计可以储存物品，整个方形框架下做了不同的穿插结构。此种设计方法采用了一半以几何结构为内部支撑结构，一半以几何结构分割空间起收纳作用。造型上几何分割过后的空间十分整体，成为几个小空间。

抽象造型在外观上由一横一竖两个长方体穿插组成，这是非常实用的受力设计，有效地分散了几部分力，隔断又很好地做了分割设计。

几何结构上，将长方体纸板竖向作柱状排列为支撑结构，表面覆有长方体纸板作修饰。竖向方体为各种不规则结构分割空间，既是结构又是空间。

抽象几何空间的设计运用得当，运用五面围合成一个空间，造型简单，几何结构的空间效果设计明显，满足了支撑结构和分割空间两种不同的设计需求。

整体空间：主要采用了几何形态中的直线设计，大量的直线结构，视觉感受硬朗，内部分割设计十分实用，使物体强硬结实。细节穿插结构做工精细，受力合理，分割明确，合理地运用了整个空间，想法奇特，是一个很好的创意点。

第五节　空间的模仿与仿生

1. 模仿与仿生的相关概念

模仿，是社会学习的重要形式，指个体自觉或不自觉地重复他人行为的过程。仿生，是模仿生物系统的功能和行为来建构技术系统的一种科学方法。仿生学，是一门既古老又年轻的学科，指的是人们研究生物体的结构与功能工作的原理，并根据这些原理发明出新的设备、工具和科技，创造出适用于生产、学习和生活的先进技术。

空间创意语境中的模仿与仿生，一般指的是运用模仿与仿生的方法，通过学习自然界动植物等的结构、造型和色彩等设计语言，进行空间生长的创造。一般来说鲜见直线和直角，多见圆润的有机形态。

2. 模仿与仿生的思维方法

第一自然的动植物，其某些功能在一定方面是远超当今的科学研究的。因此，在长期的设计研究中，往往以动植物的功能性为主要模仿对象，模拟动植物的各项功能在环境中的运动形态与结构变化。以蛙眼为例，人们发现蛙眼可以通过其视网膜神经对物体进行分析，挑选其特征，对其进行锁定，并以此设计出电子蛙眼与雷达系统，可准确快速地辨识物体。

形态学仿生之动物。以蝗虫静止形态为参考，对其形态特征进行提取、抽象、简化（图3-39）。设计过程中，保留其腿部结构与躯干形态；对其腿部结构加以夸张强化，使其动态功能更为明显；对躯干以其形态为主要设计点，在空间设计、结构设计、产品设计等方向，将其设计元素融合，以此进行功能与设计演变，最终形成较强的形态学仿生作品。

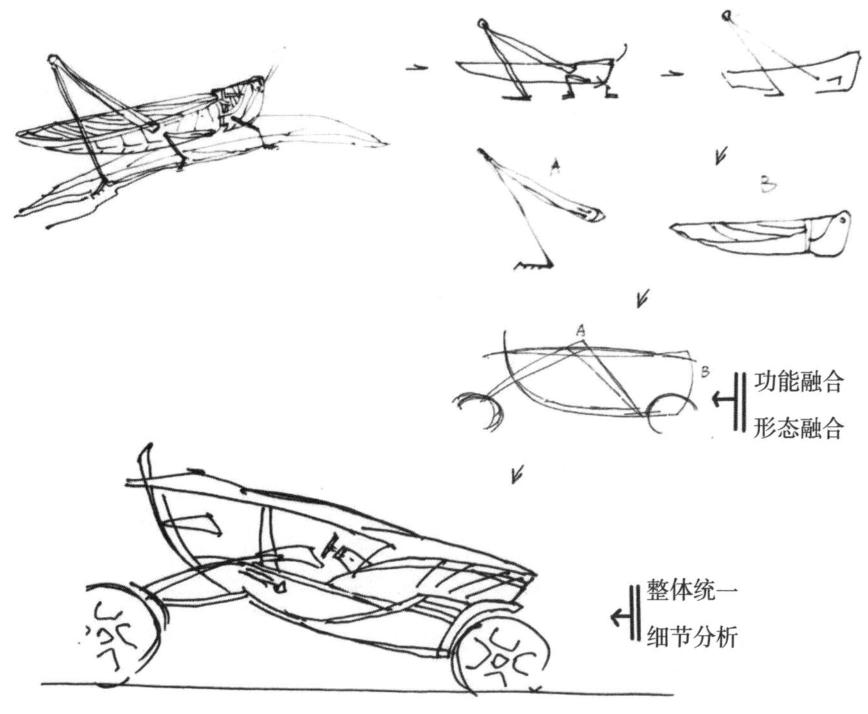

图 3-39　形态学模仿（1）——动物

形态学仿生之植物。以蘑菇在自然界中的形态为模仿对象，提取伞盖、伞柄为主要元素，并对其解构重组，加以重复、渐变等设计方法，构建成新的空间形态——别墅；同样的元素，在构成时，翻转元素朝向，重新组合元素，使其产生新的结构样式——大厦、无影灯。(图3-40)

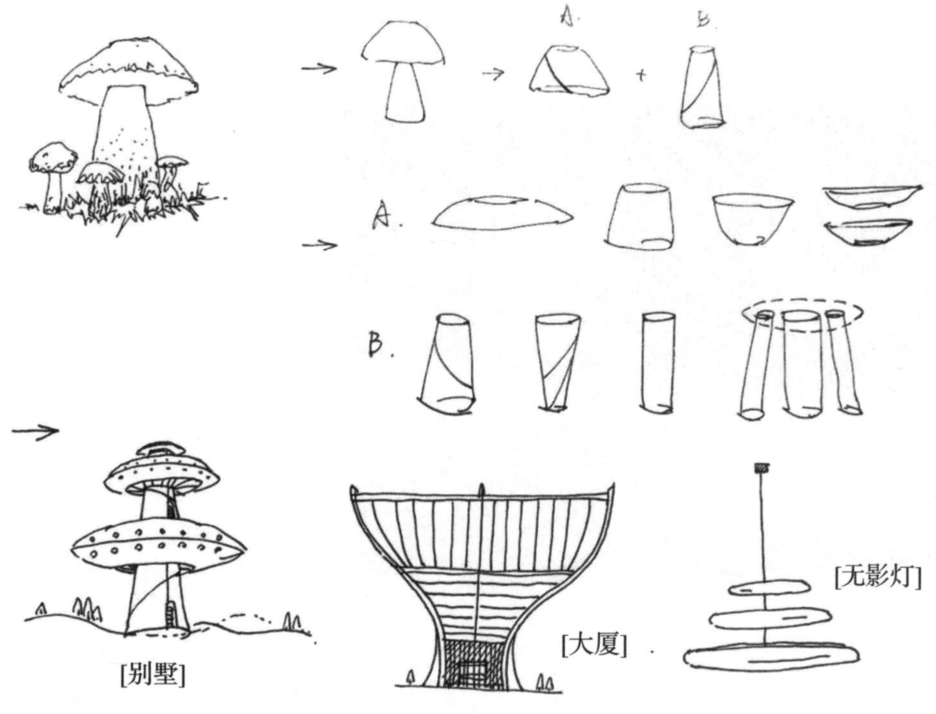

图 3-40　形态学模仿（2）——植物

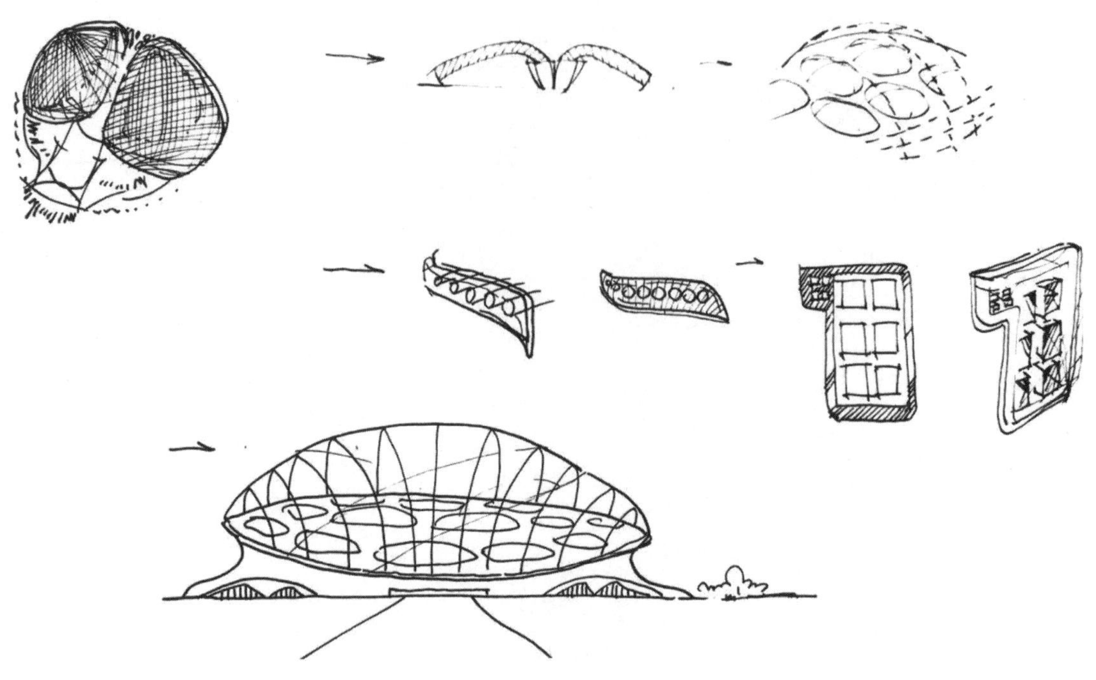

图 3-41　形态学模仿（3）——局部

形态学仿生之局部。如苍蝇是仿生设计中应用较为广泛的动物之一，其眼部构造、翅膀形态以及其嗅觉等各类器官，成为设计者的主要仿生局部；苍蝇的复眼结构中，以其复眼形态与小眼的排布形态，参考其独特的光学系统，抽象与简化后，可用于天棚结构、汽车车灯抑或是展馆建筑结构。（图3-41）

3. 模仿与仿生的分类案例

（1）交通工具的模仿与仿生（图3-42）

【空间词句法则：模仿与仿生】

卢吉・考拉尼（Luigi Colani）
仿生设计，是把当代最新的材料和生物界新的事物结合起来，考虑明天会发生什么事情。设计遵循4个“L”原则，即“轻、慢、简单、有趣”。设计要给人一种舒适、和谐的感觉、外观要漂亮，但内部功能更重要。
外观特点：无直线、流畅圆润、有机形。

图 3-42　交通工具的模仿与仿生

交通工具的造型，整体由一个较大的圆球形主体与四个小的圆柱形组成，外部无直线，圆润流畅。这是仿生设计整体向有机层面靠近的方法，技巧为造型、比例、材料、质感控制。外在造型使用无棱角的曲线和圆形态的设计，贴近自然，拉近距离；大小比例适当，主次元素分明；外形设计合理，功能变化到位，想象空间丰富，细节造型层次设计饱满。

整体空间主要采用“仿生”的设计语言，倾斜姿势动感、时尚、现代；细节凹凸得当，工业感保留，灯光和层次等细节丰富；曲线感的设计、有机形态的靠拢，使整个外形贴合自然、亲和有力。

（2）飞机外形的模仿与仿生（图3-43）

【空间词句法则：模仿与仿生】

基于空气动力学
交通工具仿生设计

图 3-43　飞机外形的模仿与仿生

飞机的造型，整体为符合空气动力学的流线型造型设计，机翼和尾翼的设计都较之前有所创新。此种方法为交通工具仿生设计，技巧为造型、比例、材料、质感控制。造型上根据生物昆虫飞行原理，加以改进，利用曲线造出符合空气动力学原理的飞机；细节部分，造型中增加许多小造型，小造型在功能中发挥着作用，在视觉美感上也起着四两拨千斤的作用；整体造型符合仿生设计原理，功能满足，视觉美感在线。

整体空间主要采用“仿生+模仿”的设计语言，造型独特，材质模拟昆虫甲壳质感。腰线丝滑，造型和灯光等层次丰富；通体为纯度较高的红色，加以玻璃带有反光的质感，让飞机具有一种未来感、科技风，给人一种向往的冲动。

（3）建筑外立面（外墙）的模仿与仿生（图3-44）

整体造型采用模仿与仿生的设计句法，建筑主体的造型由大小不一的突起有机生长而成，模拟自然界动植物的有机形态建造；具有较强的生命感。局部来说，在柱体的设计上采用有机生长结构，仿造植物的生长叶片构建了外立面突出部分。造型为立面上凹凸生长出的体块。空间的辅助元素，阳台上的绿植更增加了贴近自然的感觉，增加了空间的生机氛围。有机生长态势合理，自然创新，视觉刺激明显，视觉韵律丰富。

整体空间主要采用“模仿+仿生”的设计语言，有机生长动感、时尚、未来；细节比例合理、绿植填充丰富，贴合自然，大小体块等细节丰富。绿植填充使得空间更显自然，但有机生长比例适当缩小；反之无绿植填充的部分采用灰色钢铁材质，具有未来感，有机生长比例也适当增加。

【空间词句法则：模仿与仿生】

建筑规划的仿生设计
功能为先
形态追随

图 3-44　建筑外立面（外墙）的模仿与仿生

（4）建筑外立面（结构）的模仿与仿生（图3-45）

【空间词句法则：模仿与仿生】

建筑规划的仿生设计
功能为先
形态追随

图 3-45　建筑外立面（结构）的模仿与仿生

整体造型采用模仿与仿生的设计句法，主体仿生的灵感来源于螺壳底部的旋转结构和花朵开放的形态，由二者结合而成。例如，建筑顶部就是从螺壳底部形态提取而来，具有有机生长态势。局部来说，在建筑底部的设计上既采用花朵姿态，仿造植物的开放状态构建了建筑骨架部分，又模拟了螺壳结构，仿造动物的骨架结构，旋转弯曲的结构体现了一种动态美。空间的辅助结构，顶部切角，增加细节更显精致。整体造型视觉体验丰富，视觉韵律丰富，视觉刺激明显。

整体空间主要采用“模仿＋仿生”的设计语言，造型语言动感、时尚、现代；顶部切角，增加窗户，螺旋结构和夹角等细节丰富；通体白色使得视觉体验干净，少量灰色起到画龙点睛的作用，使得素描关系得当，令人向往。

（5）建筑肌理的模仿与仿生（图3-46）

【空间词句法则：模仿与仿生】

建筑规划的仿生设计
塑造形象
提升品质

图 3-46　建筑肌理的模仿与仿生

整体造型采用模仿与仿生的设计句法，主体仿生的灵感来源于河蚌外壳部分。建筑立面的整体造型从河蚌外壳部分中提取而来，具有生命感。局部来说，在面与面的交汇中采用穿插结构，体与体之间相互作用，层次丰富。在立面的造型上模拟了海水的波浪结构，立面支柱由有机形态演变而来，呼应生态。整体造型相互作用，有机结合，视觉刺激明显，视觉韵律丰富。

整体空间主要采用“模仿与仿生”的设计语言，仿生河蚌的外壳造型，具有有机、生命、时尚、联想的质感；细节设计疏密得当、肌理有致，缝隙穿插等细节丰富；最具创新性的部分是结构，结构即是造型，造型即是结构，一举两得，生生不息。

（6）体育馆的模仿与仿生（图3-47）

【空间词句法则：模仿与仿生】

建筑规划的仿生设计
塑造形象
提升品质

图 3-47　体育馆的模仿与仿生

体育馆的造型，整体由钢骨架构成，外形来源于鸟的巢穴。此种方法为仿生设计，在造型上从鸟巢获取了灵感。仿生空间是以外立骨架为主要元素做的空间；模仿空间是以整个建筑造型为次要元素做的空间。模仿与仿生空间设计得当，视觉刺激明显，视觉韵律丰富。

整体空间主要采用模仿与仿生的设计语言，设计理念新颖。细节造型独特，灰色建筑显得十分高级。

第六节　空间的解构与重构

1. 解构与重构的相关概念

解构，是后结构主义提出的一种批评方法，是解构主义者德里达的一个术语，其含义为分解、消解、拆解、消除、反积淀、问题化等。重构，指的是把原结构解体还原成每个局部的基本原始单位重新组合，构成一个全新的、不同于以前的新物体结构。

空间之解构、重构，重点包括：

（1）解构设计的核心内容是破坏、分解。

（2）解构是把空间本身，运用解构主义的方法，进行分解、消解。

（3）是为了达到特殊的空间视觉效果，使其与诸如图形、空间等视觉元素进行有意识的重组和拼贴。

（4）解构的最大特点在于打破整体的、完整的形象与意义，为重新构造新的视觉形象提供基础和条件。

2. 解构与重构的思维方法

解构与重构的思维方法，要点如下：

（1）解构是设计的重新分解组合的观念与手法。

（2）重构是空间视觉造型语言基本元素的重构。

（3）解构为空间新形式的创造提供了新思路，以解构为前提，重构能够把解构的全部或者若干单元还原成全新的空间。

（4）合理运用解构与重构的手法，更能表达设计的内涵和意蕴，促进空间设计得到更多的理解和认可。

设计的灵感来源于第一自然，由设计者对第一自然的山水、动植物以及其他要素进行设计演变后，形成人们所处的空间环境，也就是第二自然。第二自然中，艺术作品、建筑工程、机械产品等都是设计者使用设计手法形成的独具特色的作品。研究其设计作品不难发现，设计过程中，设计师应以功能与造型、整体与局部、意境与形态三大特征为主要设计出发点，并对特点进行提炼和概括总结，取其精髓，对其各项功能与结构有效重组，优化形态与细节，形成设计思维。（图3-48）

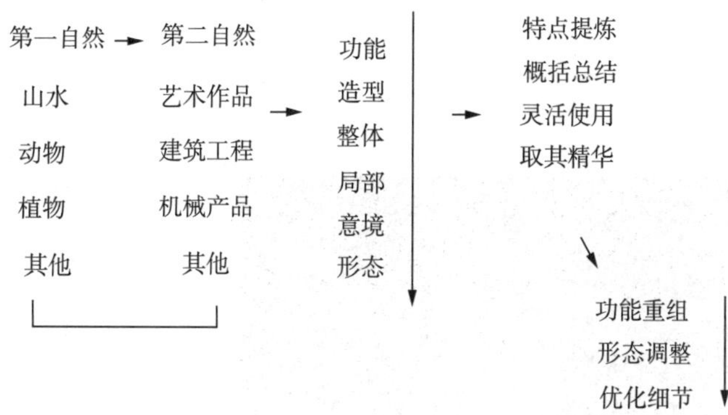

图 3-48 思维方法

设计思维之解构之策，在于用分解的观念，对知觉感觉进行打碎、分解，并对其逻辑进行整理，强调个体间的特征元素。对解构后的元素进行功能重组、形态调整与细节优化，形成既独立又统一的空间结构。(图3-49)

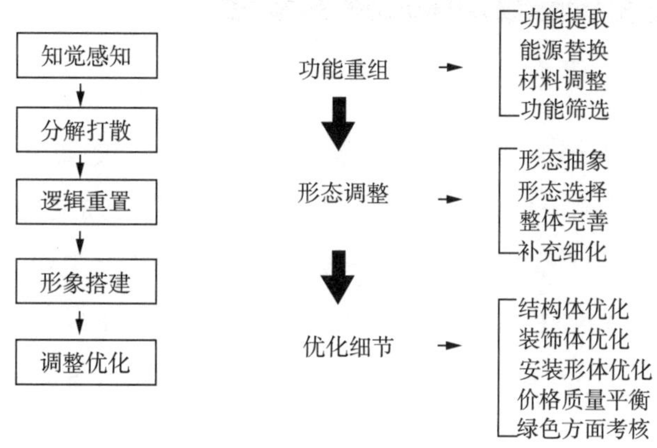

图 3-49 解构之策

重构之策侧重于对解构后的物体进行功能重组、结构重组、造型重组以及形式重组。以圆柱体为例，对其立面结构进行斜向切割，完成解构动作，形成有效组件A、B、C；利用重构之策，对不同元素集的组合方式、组合顺序以及组合方向进行调整，形成有效空间结构体，最终优化结构细节、造型细节、装饰细节、材质细节等。(图3-50)

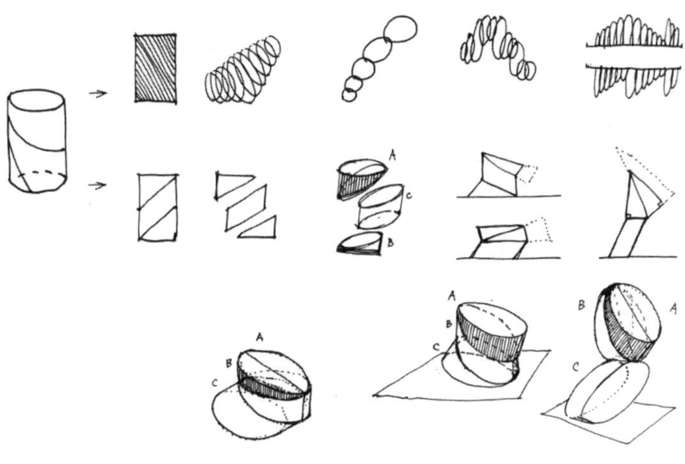

图 3-50 重构之策

3. 解构与重构的案例

【空间解构与重构】

毕尔巴鄂 古根海姆博物馆

古根海姆，是世界首屈一指的跨国文化投资集团，属于非典型性私人美术馆，作为非营利的永久性机构，为社会发展提供服务的同时，为艺术的可能性提供了更多的机会。毕尔巴鄂古根海姆博物馆由解构主义建筑大师弗兰克·盖里设计，它以奇美的造型、特异的结构和崭新的材料而闻名于世。（图3–51）

图 3–51 博物馆的解构与重构

博物馆的造型由一系列建筑碎块拼镶而成，这些碎块有的是规则的石建筑，有的则是覆以钛钢和大型玻璃墙的弧形体。博物馆是绕着一个中心轴旋转成形的。这个中心轴是一个扣着金属穹顶的空旷的中庭，光线可以透过玻璃墙照进来。解构空间由原来的建筑碎块解构，是以发现特征为主要元素做的空间。重构空间由原来的解构空间重塑，以走道、玻璃电梯和楼梯组成的系统将画廊空间连接起来。解构与重构空间比例得当，它由数个不规则的流线型多面体组成，上面覆盖着3.3万块钛金属片，在光照下熠熠发光，由于造型飘逸、色彩明快，丝毫不给人沉重感。

整体空间主要采用大面积的建筑碎块拼接而成。外立面流线型设计强烈、时尚。建筑本身为灰色，但在周围灯光与水面相映下色彩空间多变。

第四章　竖向空间生长之段章创意

学习了空间创意思维的字词句之后，进入段章的学习阶段。此阶段利用空间的视觉体验、文化心理、品质塑造、艺术氛围等环节的案例介绍和规律总结，更好地掌握成熟空间的思维创意特点。

第一节　空间的视觉体验

1. 空间视觉体验的相关理论

空间体验的分类：包括视觉、触觉、听觉、味觉、嗅觉等五感，其中视觉感官接受80%的空间信息。

空间视觉体验的概念：人类的视觉观察与体验的方式方法，通过生理性的“眼睛”捕捉、选择、抽象、演绎而获得“空间视觉体验”。

空间视觉体验的关键词：选择性忽视、有效可视部分。

空间视觉体验的学习要点：

（1）空间视觉与知觉感知；

（2）视觉注意、理解、情绪和记忆；

（3）视觉理论：视觉符号、视觉结构、视觉心理；

（4）视觉吸引、视觉解构、知觉重构；

（5）影响空间视觉的关键点：空间元素、空间色彩、空间形制、竖向结构、空间尺度、空间肌理，如图4-1所示。

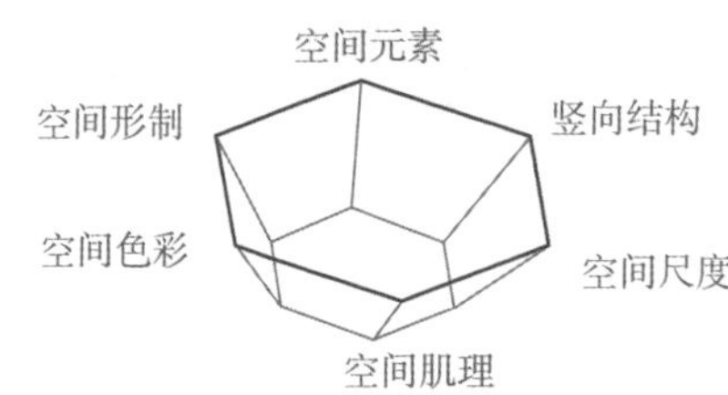

图 4-1　视觉体验评价雷达图

2. 空间视觉体验案例

（1）建筑外立面（外墙）的视觉体验

建筑的立面造型整体来源于圆形，由下半部分一个大一点的圆柱和顶部小一点的圆柱组合而成。运用空间设计的排比手法，赋予空间较强的仪式感。厚重的圆柱空间由柔和的线、穿插的体作为主要结构组织空间；造型上由圆形凹进去一块以打破呆板的规整性；整体空间厚重端庄，视觉对比明显、韵律丰富。整体创意采用“排比＋厚重”的设计语言，结构清晰、简洁大方；细节设计规整有序、优雅端庄，气势雄伟且细节丰富；运用大量的通透玻璃，让建筑由内向外散发一种大方、包容的气质，大面积灰色表面材质的使用使整个建筑时尚、高级。(图4–2)

图 4–2　建筑外立面（外墙）的视觉体验

（2）别墅内部空间的视觉体验

别墅内部的设计，用“方”为主要设计元素营造空间的厚重感，大面积使用方块、直线、折线，整体视觉体验呈现厚重、理性等特点，空间纵深感强烈，材质、颜色高级。具体来说，空间的厚重感由方形灯带、方形二层，以及众多的直线、折线和浓烈色彩的呼应而得来。结构方面是由横向延伸（类似镜面的心理空间延伸）与纵向分割（高度比产生的威严肃穆感）组合而成的空间，材质上使用的石材等也在无形中加重了空间“重”的心理感受。整体空间厚重端庄、亲和生机，视觉刺激、韵律丰富；细节设计规整有序、优雅端庄。大面积出现的方元素让空间产生厚重之感，大面积的深色调使整个空间的沉稳之感更为强烈。(图4–3)

图 4-3　别墅内部空间的视觉体验

（3）走道、走廊类空间的厚重感视觉体验

连廊空间的内部设计丰富，视觉体验连续、优雅、纵深感强烈，且肌理、光影丰富。该案例采用“弧线”的设计手法来营造连续廊道空间的高级感，利用诸多弧线的视觉引导作用，以达到连续而不油腻的视觉感受；丰富感是由许多隐性和显性的弧线等线条，以及空间中星罗棋布的色彩组合而产生；在空间中将顶面与立面用弧线衔接，辅以适宜的高度控制使空间不沉闷，采用轻重色调对比产生视觉调节，整体雅致端庄、亲和生机、视觉明显、层次丰富。（图4-4）

图 4-4　走道、走廊类空间的厚重感视觉体验

（4）室内顶部空间的灵巧感视觉体验

顶部空间由于高度属性，一般对视觉观感的影响强烈。该案例中的顶部空间的视觉体验灵巧生动、刚硬有序，利用大量的折线与玻璃营造出科技轻盈等感觉；运用“折线”的设计手法来营造空间灵巧感，许多折线的繁殖产生视觉吸引，即便主体的体量较大，但是许多穿插的折线条以及较通透的玻璃材质仍营造出轻盈灵巧之感。整体对比强烈、轻盈灵巧，大面积使用较重色折线结构，搭配有质感的玻

璃，使空间通透灵动，加上一定的绿色植物调节出活泼生态的气氛；空中廊桥的使用可以拉近景色之美。(图4–5)

图 4–5 室内顶部空间的灵巧感视觉体验

(5) 建筑内部的柔和感视觉体验

整体空间主要采用流线型元素与柔和光线的结合，营造出通透明亮、整洁柔美之感。大造型的流线型立柱从地面延伸到天花，弧度圆表面光滑、光感强烈。镜面效果强烈，能够映射光线。小造型的柔和不僵硬，搭配灰色系列的合理配比，使得空间沉稳安静，辅助亮色灯光提升的通透度。具体的设计手法包括了立面材质与光线的结合运用，地面材质的光滑肌理，墙壁与地面的颜色一体，以及天花部位的大面积氛围光。空间整洁干净，没有过多烦琐修饰，顶部暖色的氛围光漫射在地面映射出柔美光影，使整个空间和谐一体、光润纯粹。(图4–6)

图 4–6 建筑内部的柔和感视觉体验

第二节　空间的文化心理

1. 空间文化心理的相关理论

空间设计的文化风格：地域文化、民族文化、设计风格等。

其中，设计风格包括美式乡村、古典欧式、地中海式、东南亚式、日式、新古典、现代简约、新中式等。

设计文化与心理的实操流程：

（1）确定设计文化和风格的种类；

（2）提取典型设计符号、文化元素；

（3）将文化符号与空间设计结合，在空间的体、面中引用和体现；

（4）注意风格整体和细节把控。

设计文化的评价主要包括文化符号、文化色彩、符号演变、整体结构、细节表达等方面，如图4-7所示。

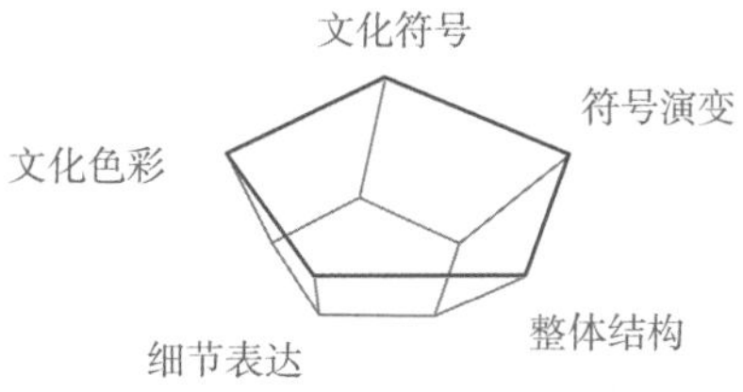

图 4-7　设计文化评价雷达图

2. 空间的文化心理体验案例

（1）中式文化空间的心理体验

文化符号对文化识别性具有重要作用，如榫卯结构建造的屋檐、瓦片、桥柱的石雕等很好地阐释了中式建筑文化的特点。传统符号随着社会进步也在不断演变以适应使用者的需要。现代中国人将符号进行精简，在保持其装饰效果下，更注意其功能上的使用，既考虑符号与科技结合，也照顾其给予观者的心理体验。在建筑细节的表达上，中式建筑毫不吝啬地展露着自身丰富的层次结构，一砖一瓦都是匠人用心良苦的体现。中式文化建筑主要以木结构为主，古时大多数为原木色，现代由于化学材料的发展，有了更多选择，但大部分人还是喜欢带有喜庆色彩的红色。该案例的建筑空间创意源自中国古代传统建筑风格，整体结构来自古典造型中的水榭楼台，带有浓厚的地域文化色彩，易激发观者的联想和想象。随风摇曳的灯盏等细节，亦是体贴与细致的代表。整体设计主要采用以木材为主材料的榫卯结构的建筑规格，结构清晰、对称大方；细节设计规整有序、优雅端庄。主要支撑结构为木制材料，配合青砖红瓦的组合中式韵味十足。（图4-8）

图 4-8　中式文化空间的心理体验

(2) 东南亚文化空间的心理体验

东南亚文化建筑造型整体略显夸张，彰显出宗教信仰交汇等特色魅力，使得观者不由得感叹其雄伟壮丽的气势。东南亚文化的主要符号是众多佛像佛龛等，佛教文化盛行。东南亚文化符号在现代空间中的演变体现在对其内在文化的提取设计和建筑细节的表达上。主要的文化色彩是黄色系，随处可见的黄色系应用在屋顶、墙壁和装饰细节上。该案例的整体空间主要采用地域宗教文化元素进行创作，建筑装饰统一服务于宗教且造型华丽，空间材料以石材为主，黄色系色彩明显，装饰华丽美观。(图4-9)

图 4-9　东南亚文化空间的心理体验

（3）欧洲文化空间的心理体验

欧洲建筑的整体结构多以大理石材质的柱子搭建，利用拱形穹顶组合出挑高空间从而生成威严震撼的心理体验，典型符号包括尊贵石材、华丽吊灯、镶边造型、彩色玻璃等。欧洲文化在空间细节的表达上，通常采用“重复＋旋转”的设计手法，如一个图案或纹样会重复出现在空间中而形成高贵丰富的心理感受，配合暖黄明快色调或者纯净浅色调的主色调，综合传达出雍容华贵、富丽堂皇之感。该案例建筑主要采用大理石结构，空间大气磅礴、装饰富丽堂皇。石材造型的威严、拱形穹顶的美艳以及装饰的明快特色，让整体空间由内向外散发出一种大方包容、威严高贵的特色文化感知。（图4-10）

图 4-10　欧洲文化空间的心理体验

（4）时尚文化空间的心理体验

时尚文化主要是指当下社会中较为流行或者前卫的文化，时尚文化空间往往给人的心理带来较为震撼、时髦和新颖的体验。借鉴某种风格的灯具、精致的小饰品、流行的色彩搭配、不同历史符号混搭，都可以作为时代前卫的演绎和特征。该案例中的纤细线条在空间中来回流动穿插，彰显出细节饱满、富有情感，清晰明亮的光影，也烘托出特异暖心的氛围。空间整体采用“排比＋烘托”的设计语言，结构清晰、落落大方；细节设计规整有序、优雅有致。连续大量的通透玻璃、组合编排的灰色色彩、精心打扮的陈设摆件，让时尚空间散发出一种大方包容、高级有趣的气质。（图4-11）

图 4-11　时尚文化空间的心理体验

第三节　空间的品质塑造

1. 空间品质塑造的相关理论

空间品质中的高级感：低调内敛、极致美学、特立独行。

空间品质中的低级感：多诉求的、简陋无序、盲目跟风。

空间品质思维逻辑：

(1) 思维清洗，知道要什么；

(2) 灵感敏锐，知道做什么；

(3) 美学功力，知道怎么做。

2. 空间的品质塑造案例

(1) 空间时尚精致品质塑造

案例主要采用“对比”的设计语言，结构清晰、空间大方，细节设计规整有序、品位优雅，材质考虑时尚品质。空间整体层高较高，增加局部二层，拓展了空间层次。空间立面采用视觉通透的玻璃幕墙，顶部造型与走廊装饰线条极致美学、尽显匠心。整体风格鲜明、特立独行。外观上聚集的粗糙肌理，如混凝土和大地毯，同时用精致陈设和细节纹饰对比出空间的异质与精细。利用空间尺度营造心理差异，让原本粗壮的水泥柱在大空间内显得适宜。结构线条尺度宏大，无形中增加了精致感，整体空间气场饱和、韵律丰富、风格明显。(图4-12)

高级感——时尚精致

低调内敛
风格一致

特立独行
风格鲜明

极致美学
细节匠心

图 4-12　空间时尚精致品质塑造

(2) 空间沉稳安详品质塑造

整体空间主要采用“对称”的设计语言，结构清晰、错落有序；细节设计规整，有序丰富、优雅端庄。运用的软包材质，调和了生硬空间，灯光在整个空间中的点缀显得温馨安详。具体来说，简洁的造型、精练的细节，让空间上下左右串联，强化了空间序列感，曲线与直线交汇叠加带来形式感。顶部造型与线条灯具大方简洁、丰富而匠心，整体风格鲜明、特立独行，创造了一个理想舒适的生活工作空间，感受出明亮、温馨、细腻的空间情绪和吸引力。其中，天然材料、织物墙纸和石材质感的背景墙设计，产生端庄稳定的主控气场，整体沉稳安详、温柔细腻。(图4-13)

高级感——沉稳安详

低调内敛
风格一致

特立独行
风格鲜明

极致美学
细节匠心

图 4-13　空间沉稳安详品质塑造

(3) 空间粗放幻魅品质塑造

空间整体的线条、材料和色彩搭配简洁大气，特立独行的风格，高级感的冷色系，令空间质感更为饱满。整体色调沉稳雅致，尤其是沙发纺织的自然纹理和温润特质，让人倍感舒适。通过材质上的奢华配置，不经意之间透露出对于精致、考究的追求。空间色彩游离在黑白灰之间，并采用绿植作为搭配色，以现代简约的语言，透过空间的虚实处理，塑造了人与自然的和谐空间，在简洁朴素的空间色彩搭配内折射出一种隐藏的高贵轻奢气质，通过一些精致软装元素来营造出舒适、通透、合理的使用空间，让整个空间透着一种清澈、粗放、幻魅、雅致之美。场景布局通过调整大理石与玻璃外墙格局，使空间看起来更为宽大，也更加通透明亮，散发出一种高贵粗放、幻魅简约的空间气质。(图4-14)

高级感–粗放幻魅

低调内敛
风格一致

特立独行
风格鲜明

极致美学
细节匠心

图 4-14　空间粗放幻魅品质塑造

(4) 空间夯实厚重品质塑造

整体空间主要利用建筑材质本身特点烘托主题，结构清晰、效果突出。灵感源于原始洞穴风格，配色暗淡、材质厚重，搭配简单的家具、点缀的灯光以烘托气氛，形成夯实厚重之感。空间纹理独特、厚重高级、细节丰富；运用大量岩石等厚重材质，让空间由内向外散发出一种古老、沉稳、厚重的气质，独特纹理在整个空间中显得夯实而高级。(图4-15)

高级感——夯实厚重

低调内敛
风格一致

特立独行
风格鲜明

极致美学
细节匠心

图 4-15　空间夯实厚重品质塑造

第四节　空间的艺术氛围

1. 空间艺术氛围的相关理论

空间艺术氛围定义：空间的一种艺术感召力，促使观者沉浸在某种状态里。

空间艺术氛围的形成工具：色彩、灯光、陈设、文史，等等。

空间艺术氛围评价要点，如图4-16所示：

象征性

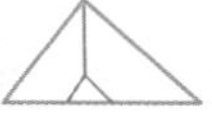

独特性　　协调性

图 4-16　艺术氛围评价雷达图

（1）象征性：通过观者的抽象再加工，产生具有更高级内涵的附加值。

（2）协调性：空间氛围和家具陈设等结合，产生具有高度协调性的整体。

（3）独特性：小环境的吸引力，形制和性质的特异。

2. 空间艺术氛围体验案例

（1）空间内部的视觉体验

建筑空间的整体氛围来源于北欧，低调奢华而高级。整体空间主要采用“对比 + 调和”的设计语言，整体给人感受较为明亮，配上浅色的灯具、原木的家具、简约的陈设，打开了整个空间的纵深感。

低调内涵的设计氛围，象征着一种自由自在气息；浅色的家具以及来自自然的材质、元素，形成一种独特的差异，与传统家具差异明显，这也是现代空间的独特性。自然裸露的墙面、通透明亮的环境，使用原木色让空间在色彩上协调呼应。白色的墙面使沙发的视觉效果不会凸显，融于整个空间而和谐。空间氛围简洁大方、自由奔放，家具陈设错落有致，多重材料在空间中融合交汇，自由碰撞，使空间散发出一种独特魅力，整体具有显著独特性、高度协调性的艺术气息。(图4-17)

图 4-17　空间内部的视觉体验

图 4-18　艺术灯光的视觉体验

图 4-19　艺术陈设的视觉体验

(2) 艺术灯光的视觉体验

夜晚的法国卢浮宫广场，是由数块玻璃和氛围灯组合而成的一个带有迷幻色彩的玻璃金字塔空间。建筑空间的整体氛围源于文艺复兴时期，经建筑大师贝聿铭设计改造后，用现代材料与历史建筑融合碰撞，为其增加一种时髦、神秘的感觉。整体空间主要采用“重复+对比”的设计语言，结构清晰、规整有序，优雅端庄、细节丰富；运用大量的艺术灯光，加以玻璃、镜子等元素烘托，使建筑有了更多的层次，时尚、高级。氛围灯照射的建筑空间映射出泛黄的建筑本体，古典的视觉效果突出，灯光散落两侧，两个不同时期的建筑仿佛在互相倾诉着自己内心的孤寂。玻璃的外墙结构在灯光的照射下非常通透，虚实空间结合有序，整体氛围融合恰当。整体空间艺术氛围浓厚，光影具有层次感，韵律丰富，美感突出。(图4-18)

(3) 艺术陈设的视觉体验

空间结构清晰、规整有序，运用大量的通透玻璃，让空间由内向外散发出一种大方随和的气质，材质在整个空间中的点缀显得时尚高级。整体氛围源于20世纪的欧美风格，简单但不失温度。氛围灯与材料交织，营造出特色的视觉感；特色灯、木质架、玻璃瓶、自行车等精致小品的设计，注入空间简洁雅致、视觉别致、层次丰富的特征。(图4-19)

5 第五章　竖向空间生长之润色成文

润色成文指的是空间作品的创意落地，也是空间思维创意学习的最后一个环节。通过空间创新主题的确立、设计加减法、空间细节推敲等依次将空间思维完善和落地，并通过一个详细具体的案例进行解析。(表5–1)

表5–1　竖向生长之润色成文

<table>
<tr><td rowspan="3">空间实现之程序方法</td><td>展示设计的程序</td><td colspan="2">项目调研、主题创新、设计落地</td></tr>
<tr><td>展示策划的步骤</td><td colspan="2">展览之前、展览之中、展览之后</td></tr>
<tr><td>展示流程的要求</td><td colspan="2">主题明确、平衡矛盾、综合落地</td></tr>
<tr><td rowspan="4">空间实现之材料落地</td><td>草图与效果图</td><td colspan="2">创意交流、效果逼真</td></tr>
<tr><td>CAD与模型</td><td colspan="2">科学规范、高度还原</td></tr>
<tr><td>空间基础材料</td><td colspan="2">五大基础材料</td></tr>
<tr><td>空间创新材料</td><td colspan="2">科技创新材料</td></tr>
<tr><td rowspan="5">空间实现之创意总控</td><td rowspan="2">空间创新之主题</td><td>流程引导</td><td>时代引导</td></tr>
<tr><td>行为引导</td><td>科学引导</td></tr>
<tr><td>方案平衡之加法</td><td colspan="2">填空、留白、动静、功能</td></tr>
<tr><td>方案平衡之减法</td><td colspan="2">对比、逻辑、统一、比例</td></tr>
<tr><td>空间创新之细节</td><td colspan="2">主题、材料、结构、装饰</td></tr>
</table>

第一节　空间创新之主题

1. 流程引导

空间设计一般要遵循一定的设计流程，通过流程引导，能快捷有效地根据设计路径完成设计方案。

流程引导主要以设计与施工过程中遇到的问题为出发点，提出问题、分析问题、解决问题，以此形成一定的引导效应。一般而言，流程引导分为六大类，即分析、想法、发展、提议、细节与安装，以此六类为基础，结合设计过程，提出流程引导模式，如图5-1所示。

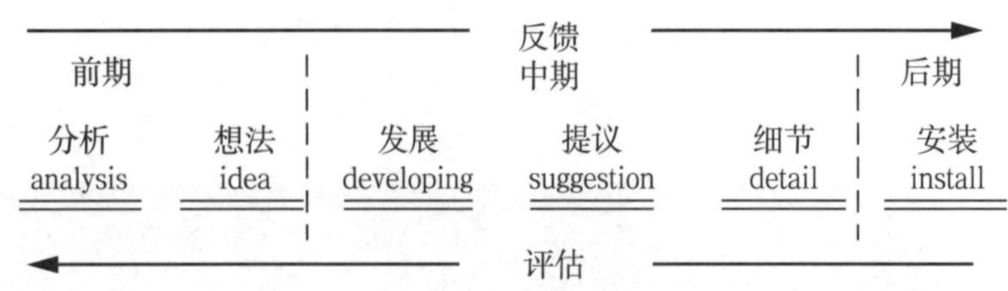

图 5-1 设计流程引导

(1) 设计准备

在设计项目开始前，设计师应当充分了解设计需求，根据委托方提供的设计信息开展前期准备工作，充分调研，合理分析委托方所给予的任务要求、目的、内容；对调研内容进行梳理，筹划方案，以文案形式列出展陈大纲或展区设想，为后期设计提供理论参考。

文案例一：环境保护空间——鸟与人类

概述：

强调环保意识，爱护鸟类，营造良好的绿色生态环境。

展览目的总结：

宣扬环保意识；呼吁大家爱护和保护鸟类。

风格设想：

① 从“鸟类”本身出发，寻找与人类的联系。

② 运用“对比”：在展示中，用“鸟类遭受伤害的惨烈”与“人类爱护环境与鸟类和谐共生”作对比，形成更加鲜明的印象感。

展区设想：

① LED视频展示部分（或VR虚拟技术展示），分展厅内外两个部分。

② 鸟类模型陈列展示部分（或是鸟类被伤害的惨烈状态模型）。

③ 场景展示部分（或分鸟类遭受危害的环境展示部分和与鸟类和谐共生的美好场景部分）。

④ 已经消失和快要消失（一级、二级保护）的鸟类平面展示部分。

⑤ 人类直接或间接对鸟类造成的危害（平面展示部分）。

⑥ 中国特有的保护鸟类（或重点展示）。

其他想法：展厅从参观开始到参观结束，或按照开始的“惨烈”与结尾处的“希望”的路线，形成对比，使参展者印象更加深刻。

文案例二：文博会——皮影文化展

主题关键词设想：

“发展”“历程”“魅力”“保护和发扬”？

展览目的总结：

① 宣扬皮影文化魅力。

② 带领大家欣赏和感受皮影的技艺与内涵。

风格设想：

① 现代简约的风格，皮影的历史古朴文化感（古今的结合，互相映衬）。

② 多做灯光结合（皮影本身就是运用光影的技艺）。

展区设想：

① “皮影表演”展示部分（真实表演，拉近距离感，印象更深刻）。

② 皮影“人物”“道具”展示部分（或分故事类型、派系）。

③ 场景展示部分（故事场景定格）。

④ 互动展示部分（或直接真实体验进行表演等）。

⑤ 或设立可以参与画稿和选色步骤的互动部分（重点针对有一定画功基础的人）。

⑥ 皮影文化的发展和历程（平面信息展示部分）。

其他想法：类似“橱窗”部分的展示；人流动线或按照皮影的发展历程顺序？流派顺序？

（2）设计构思阶段

设计构思是根据设计主题、关键词、方向进行的思索与构想。展示空间设计主要以展览为目的，构思阶段应当采用逻辑思维进行设计分析，一般分为以下几个阶段：关键词联想、头脑风暴（图5-2）、元素提取变形（图5-3）、空间定位等。待设计方向确定后，根据空间结构与体量，确定展陈方式、材质以及色彩搭配，形成有效的视觉平面构图，进而分析构图的合理性与审美性。

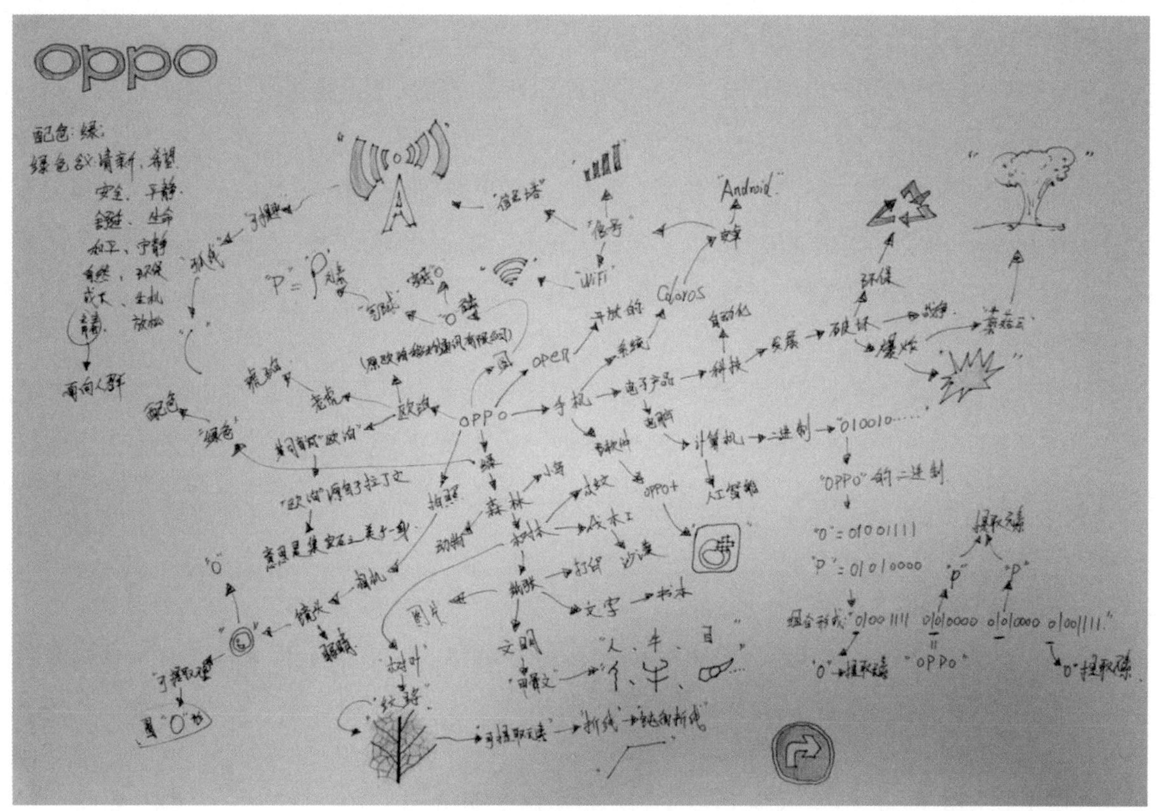

图 5-2　流程引导之头脑风暴（学生练习）

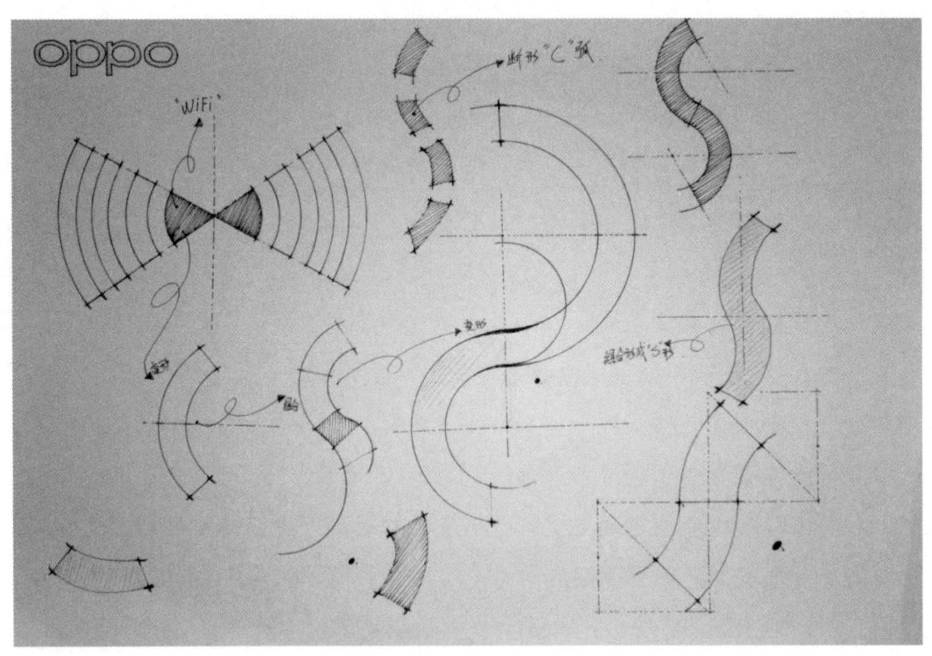

图 5-3　流程引导之元素提取变形（学生练习）

目前根据形式美法则，常采用的设计构图方法有以下几种：

不等距原则：通过水平与垂直距离的差异化表现，营造出非定式设计效果，常用于表现富有运动特性的展示空间。

黄金分割：设计师常用的构图法则，0.618的比例被应用在各种场所，也是公认的完美比例，而由它引导的空间设计效果，同样富有极强的视觉审美效果。

斐波纳契数列：一种数列的表现方法。其所呈现的螺旋线，常用于摄像构图、大空间对比式构图等。

（3）设计草案评议阶段

设计者对初步构思的空间进行设计草案绘制，并提供给委托方评议。委托方和设计人员针对设计草案进行论证，从中选出一个较为理想的意向方案，并提出修改补充意见，作为正式设计的依据。该环节一般存在2~3轮，主要视设计方案是否符合委托方要求而定。

（4）设计制图阶段

根据设计评议与论证，选择单一方案深化制作，参考修改意见，对空间结构、细节、分区等循序深入，完成平面设计图、立面图等基本图纸。根据图纸细节，制作三维效果图。待全部效果图完成后，完善施工图纸的绘制。在设计完稿后，应当根据设计内容，撰写设计说明书，对设计思维、设计意图以及设计合理性进行简要说明。

（5）方案审定与完稿

对正式完成的设计方案，设计组应携带完整设计文案进行汇报、提交。由委托方、有关方面的专家和其他代表参加审定。通过后的设计方案，双方签字确认。

（6）设计实施阶段

空间设计方案经审查通过后，即可组织实施。根据施工图信息，由施工方进行搭建、组装，对于空间结构中的细节点，设计师应及时补充节点大样图；同时，在施工环节中，设计师应当时刻保持联系，检查设计方案与现场发生的意外事件，针对不完备的设计点，应及时调整修改，完善设计方案。

(7) 改进设计阶段

在施工完结后，设计组应当针对设计方案进行整理总结，调研委托方或参展者，收集反馈意见，为后续设计提供帮助。

(8) 实操设计案例：文创联合办公空间前期规划设计

项目说明：文创联合办公空间，是一个集办公、休闲、展示于一体的综合性空间，设计时主要针对委托方提出的设计需求，对展示空间进行优化设计。

环节一：项目背景及现状分析

对项目所在地进行实地调研，了解场地信息，并提出几点修改意见，如图5-4至图5-7所示。

— 位置 —

图 5-4　项目背景

位于一楼的展厅向南面采光较好，就现设计而言未能充分利用该有效资源，导致现场地前部采光较好而中后部采光较差，从而形成了场地昏暗等问题。

— 现场分析 —

图 5-5　项目现状分析（1）

位于二层的会议、办公区存在采光不足、缺乏人性化设施、导向功能不足等问题（缺乏保安室、监控室、茶水区、音控室、仓库、吸烟区等）。

位于三层的综合性休闲、办公空间同样存在采光不足、缺乏人性化等问题（缺乏健身存衣、存物间，洗手间较为拥挤，健身房器材布局不够人性化等）。

— 现场分析 —

图 5-6　项目现状分析（2）

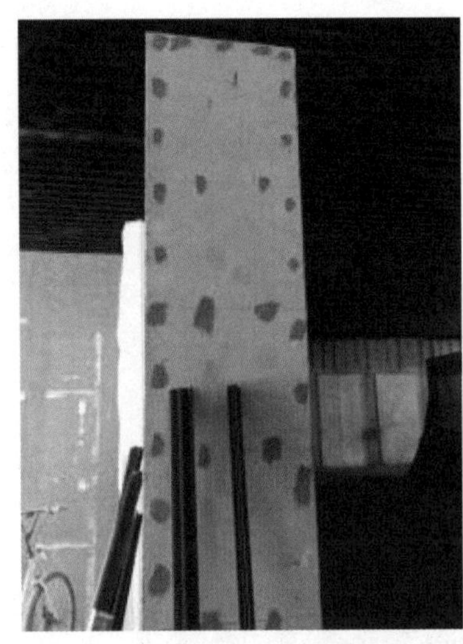

展厅内部墙壁搭建过于封闭，导致展厅内部人流混乱，没有明确的人流导向。同时展示形式单一、传统、缺乏现代感。

— 现场分析 —

图 5-7　项目现状分析（3）

环节二：设计前期分析

根据项目调研发现的问题及委托方提出的设计需求，设计组对该空间提出以下几个空间特性定位：轻办公、开敞式、人性化、现代化以及生态化。（图5-8）

环节三：设计草图与设计定位

通过绘制设计草图，合理分析空间布局、空间定位，并提出本次设计定位：价值源于品质之美，简洁、现代、雅致，以前瞻的理念打造蕴含着文化、优雅、生态的现代主义联合办公空间。（图5-9、图5-10）

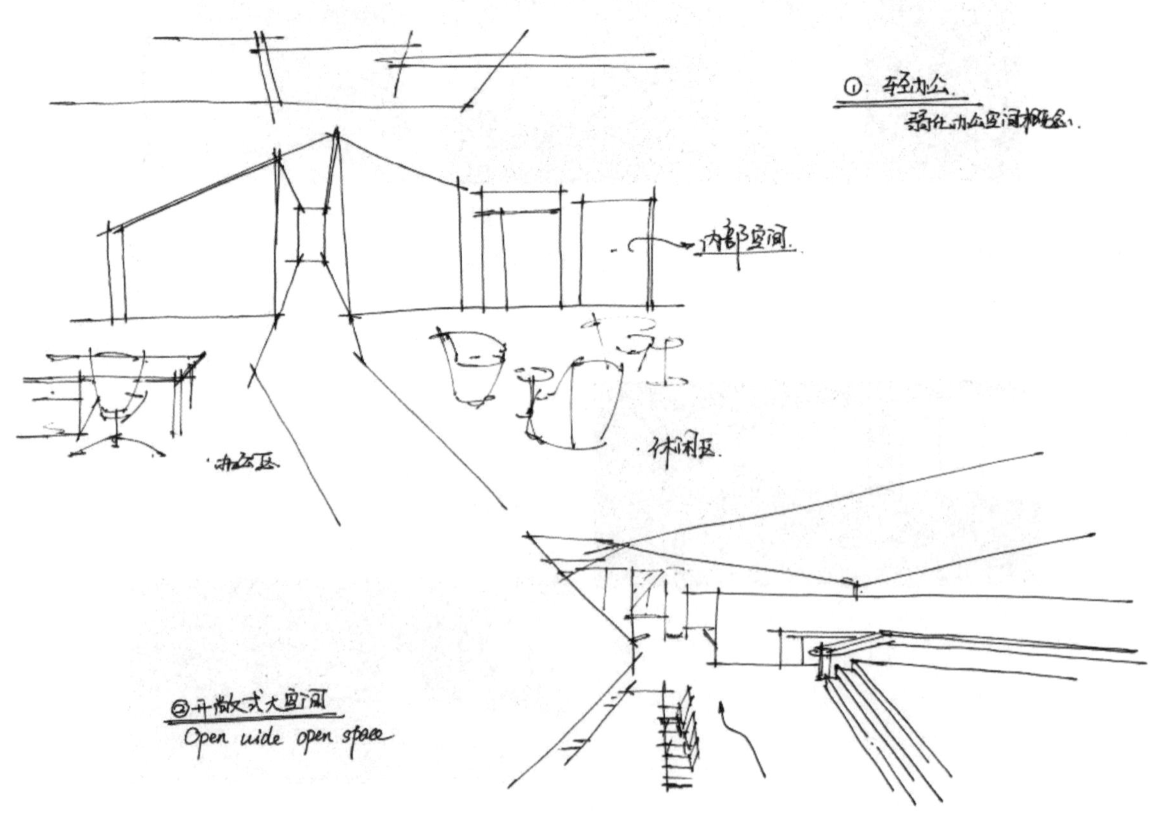

图 5-8　概念草图分析

图 5-9　设计定位

图 5-10　设计风格

本案以“智慧、有机、交互”三大元素，构架出现代化办公环境。在改善办公品质的同时，依托于以人为本的原则，运用现代手法，选用新型材料，把色彩、灯光有机结合，辅以智能、人性化的设计理念，从而营造出一个以典雅、现代、绿色、人性化为主风的联合办公空间。(图5-11至图5-13)

图 5-11　设计关键词之智慧

图 5-12　设计关键词之交互

图 5-13　设计关键词之有机

环节四：设计推进与深化

根据前期提出的设计定位与主题，深化设计，规划出平面分区与人流动线，为后期的设计提供平面基础。

2. 时代引导

随着科技的进步，人们的生活环境及使用习惯在持续转化，时代的进步引导人们尝试数字化体验。空间的数字化体验设计主要采用沉浸式空间、体验式空间以及智能化空间等形式，在用户体验、虚拟现实等方面持续引导，以新技术、新材料、新形式、新媒介等对空间设计革新持续起作用。

(1)“四新”的运用

“四新”指的是新技术、新材料、新形式、新媒介。现代展示空间设计需要的是对产品及空间特性的综合展现，设计师应当及时掌握最新的材料技术、照明技术以及新媒体技术手段，设计出全新的空间展陈方式，辅以高新科技装置，彰显空间的时代性。

(2) 专业性

时代的引导，促使设计者需具备更强的专业素养，展示空间设计也正朝着专业化方向发展。一般而言，空间设计师应紧跟设计趋势，设计出特征鲜明且具有较强吸引力的展陈空间。

(3) 创新性

设计师创造独特的空间视觉效果，赋予空间创造性感知，以此强化空间设计的表现力和吸引力。

3. 行为引导

行为作为空间观展者重要的引导方式，是通过对空间及展品的信息收集，完成其特定的观展行为。对空间而言，行为引导主要从展示空间设计入手，针对观展者的空间行为心理、感知觉及特征习惯进行研究，设计出完整的行为引导。

通过人的心理感知，从引起注意为起始点，到了解知悉展品信息，反馈到大脑给予联想，确定喜好程度并对展品或空间给予信任或接受。从关联顺序不难看出，行为引导反映着参观者的视觉反应与心理感受。因此，设计时应遵循行为引导设计，研究行为发生过程中的潜在模式与行为规律，并以此细分空间分区与细节。

(1) 感觉与感知

感觉是客观对象的个体属性在人类不同感官上的反映。它是人类大脑认识自身状态、认识客观世界的开端，也是基本的心理过程。知觉是人脑对客观对象和主观状态的整体反映，这些客观对象和主观状态直接影响感官。

(2) 注意

注意是人们的视觉与心理认知过程产生的基本要素点，是人们通过对物体的识别产生的集中性表达，是空间展示效果表现的重要因素。注意现象是一个多向互动的动态过程。正常人的知觉、记忆和思维都表现出注意的特征。

(3) 情绪

“触景生情”是由客观事物引发的一种心理体验，是人的生活体验诱发的一种心理思维形式，是人们内在价值取向的反映。成功的展览设计形象应该具有很强的感染力，才能引起人们良好的情感反应，提高展示与交流的时效性。不同的展示空间形式和尺度会产生不同的情感效果，或亲切、轻松、庄重、开放、神圣，或开放、压抑、狭小、凌乱、狭窄、窒息等，这都是由其空间要素的构成决定的。展览中“点、线、面、体”的几何形态，所传达的图像、展品、色彩、灯光等视觉元素，展览的背景音乐和礼仪女士的言语行为等，可以诱发参与者不同的情绪反应，决定展览效果的实现。因此，在商业展示空间的设计中，我们应该采取综合的思维方式，对展示方案的制定进行综合考虑。

人们应该被引导或暗示，这样人们就可以沿着特定的道路实现特定的目标。这种引导和暗示不同于路标，属于空间加工的范畴。利用巧妙而隐式的空间处理技术，人们可以沿着一定的方向或路线从一个空间移动到另一个空间。

4. 科学引导

(1) 空间功能流线设计

由于空间的展览内容、规模、定位以及模式的差异，展示空间的构成也有着不同的侧重点，其区别主要在空间的分配与衔接上，主要表现在以下几个部分：展览区、工作区、游客服务区、通道、休息区、仓储区、后勤保障区等。这些部分既相互关联，又相对独立，应注意合理规划各部分的功能流线。如果处理得当，人流就会顺畅，展览效果就会好。设计时如果处理欠佳，势必造成动线混乱或流线交叉，从而引起人流拥挤，造成展区观展混乱。

(2) 观众流线控制设计

展览空间设计成功的关键是控制观众的流向、流量和展览安排方式。

流向控制：观众一方面根据自己的兴趣选择展览顺序的方向，另一方面根据展览空间的开放性和封闭性选择方向。对于逻辑性强、顺序性强的展品，或者说是整个展览的主角，可以使用封闭的展览空间，这样观众只能进出一个口，即使观众对部分展品不感兴趣，他也只能加速前进，但方向不变；反之，可以利用开放式空间，扩大观展人群，形成多流向选择。

流量控制：根据人群在空间中的观展行为习惯，对单个区域人流量进行设计与控制，利用通道、布展方式或者空间节点等调节流量。对于展览的主要内容，展品前面的空间可以稍微大一点；对于展览的次要内容，前面的通道可以稍微窄一点。

流速控制：像流量控制一样，通过调整展览前空间的大小或增强引导系统的刺激强度，使观众可以停留一段时间或尽快流向下一个目标。

第二节　方案平衡之加法

1. 空间平衡加法之留白

在空间设计中一定要留有空白，一是给想象留下余地，二是为未来的升级换代留下足够的空间。留白与任意颜色对比搭配都能给人以活力。大面积的空间处理，可以赋予观展者更强烈的想象空间。“白”本身干净明快的同时又是最好的调和色，能更好地衬托其他色彩的突出品格。例如：白色和绿色，亮而显活力；白色和红色，温暖而充满喜悦；白色和蓝色，安静和遥远。

“留白”是一个平面意义上的概念，一些内部的联系往往需要分析才能看到。对于空间来说，留白的意象元素是在平面上的，是特定物理空间在平面上的选择性体现。虽然空白空间的媒介是二维的，但二维空间在空间设计中体现了三维空间的意义。“留白”的审美依旧需要符合空间构图与形式美法则，让“留白”在空间中起到美化作用，要正确处理协调对比、统一变化、主体装饰与辅助装饰的关系等。

2. 空间平衡加法之动静

空间中的动与静主要是相对而言的，可分为两类：

(1) 虚拟空间流动。通过高科技和技术图像等手段形成空间变化，使空间成为流动的空间，让人感觉在其中穿梭，仿佛是在空间中漫游。

(2) 现实的空间流动。例如，整个展厅的轮换和广告宣传车的推广都使展品更贴近观众，能更好地推广产品。

3. 空间平衡加法之功能

在展示空间的设计中，运用大、中、小集合以及空间重叠、公共空间、连续空间等方法来设计每个空间的特点。但必须坚持在整体设计风格的框架下对各种空间进行统一设计，应用的元素也要有统一的标准。

第三节　方案平衡之减法

1. 对比与调和

对比是指三维的形式元素以对比的方式展现其特征，使原有的个性更加鲜明和强烈，同时也增强了其对人感官的刺激，产生更强的视觉冲击和视觉效果。对比是一种重要的形式美生动语言。它可以改变形式的刚性，创造一个生动、动态的形状。而原有的构成要素则最大限度地保留了要素之间的差异。可以说，在形式构成上缺乏对比，会导致没有生命力和运动感的丧失。对比表现在立体构成的各个方面，包括形状、色彩、材料的对比，以及实体与空间的对比。

调和是指在三维形式的构成要素中强化共性，弱化差异，以达到统一。形式构成一味强调对比，必然走向认识的绝对性。艺术作品的表现不仅需要数量，更需要质量来实现形式构成的价值，设计师需要协调和统一形式构成的各种元素。

对比与调和呈现一种相辅相成的状态，它们是矛盾的统一，辩证的统一。空间构成从多方面体现了对比与调和的关系。不同形状和体量的形式构成呈现出对比与调和的关系。这种关系最典型的表现形式是简单的几何形，如立方体、球体、圆柱、圆锥。它们之间有一种统一性和整体性，使人们最容易认识和理解对比与调和。几何原则的形式美感不仅从自身体现出来，而且在其他艺术形成中也表现得淋漓尽致。设计师巧妙地将各种形状的基本表现形式以对比的方式提炼出来，从而强调基本形态美。

(1) 体量比较

形状在展示设计中的应用可以分为自然形态和抽象形式。所谓自然形态是指生活中具有不同形态特征的物体，而抽象形态则是设计师对某些物体进行总结而提炼出来的艺术形态。

(2) 材料比较

为了达到突出和宣传产品的目的，在材料对比的选择上可以考虑以下因素：软硬对比、干湿对比、粗糙与光滑对比、金属与非金属对比。通过各种材料的对比，增强展示设计的表现力，丰富展示空间的视觉效果，使展示的产品更加炫目，给观众留下深刻的印象。

2. 统一与变化

变化中寻求统一与统一中求变化，是空间平衡设计中的常用手法。变化是创造差异、寻求丰富性、形成多样性的主要手段。如果没有变化，就会显得呆板，缺乏视觉冲击力。视觉效果的强、动、夺人眼球是当今展示设计的追求。统一就是矛盾的弱化或调和，是在多样化的视觉元素中寻找和谐的元素。例如在陈设的整体设计中，运用统一的色调、统一的形式、统一的材质，获得整体的统一效果，同时运用局部的变化，摆脱单调，获得变化与活力。

3. 形状与比例

不同形状的展示空间，在视觉或心理上往往会让人产生不同的感受。在进行空间平衡设计时，空间形态的选择要把功能要求和精神感受结合起来考虑，往往通过此种设计方式，既能满足空间的适用性，又可根据空间的主题或设计意图给予观展者特定的视觉或心理感受。一般来说，空间的形式已经基本确定，而设计师往往通过一些技术或艺术手段来改善或改变空间的形式和比例。

设计中常用的比例是指数量（如长度、面积、体积等）之间的对比关系，以及部件与部件之间、部件与整体之间的关系。比例关系与比例观念是空间设计师的基本职业素质。在展示艺术的形式中，几乎所有的方面都涉及比例。

4. 节奏和过渡

如果展览空间以简化的方式直接连接，会让人感觉单薄或突然，导致人们从一个空间走进另一个空间时印象会非常微弱。如果在大空间（如大厅）之间插入过渡空间，它可以使段落清晰并有节奏感，就像语言中的标点符号一样。

第四节 空间创新之细节

1. 展示空间的“有”与“无”

空间具有双重特征，即相对性和绝对性。同时，空间的功能形态由其围护结构及自身的定义形式决定。“有形”的空间实体形式，使“无形”的空间变得“有形”。同时，没有实体空间形式的包围，空间成为理论概念中看不见的“空间”，即是不可察觉的；“无形”的空间赋予“有形”的外层空间形式以现实的存在意义和审美价值。如果没有这种“看不见”的空间形式的创新，外部围护空间形式将失去其理论价值。

2. 创新空间的流动性特征

展览艺术是空间和时间的艺术。展示空间的多维度、互动性、流动性是展示设计未来发展的必然趋势，这是由展示设计在特定空间中传递信息的本质特征所决定的。创新的空间设计让参观者仿佛置身于一个具有时尚性、艺术性、互动性的整体艺术氛围中，即运用科学的空间规划、艺术的展示设计、创新的空间形态设计等手段和方法，使游客在实际的三维空间中享受到四维的感官体验。

3. 创新空间的主题形式

(1) 外展空间类型

这是一种开放的空间形式，又称岛式空间设计。其像一个岛屿，所有的方向都能吸引游客的注意，并向他们开放。这种空间形式可以是多层次的、大规模的、具有时代气息的，比其他形式更具有竞争力。(图5-14)

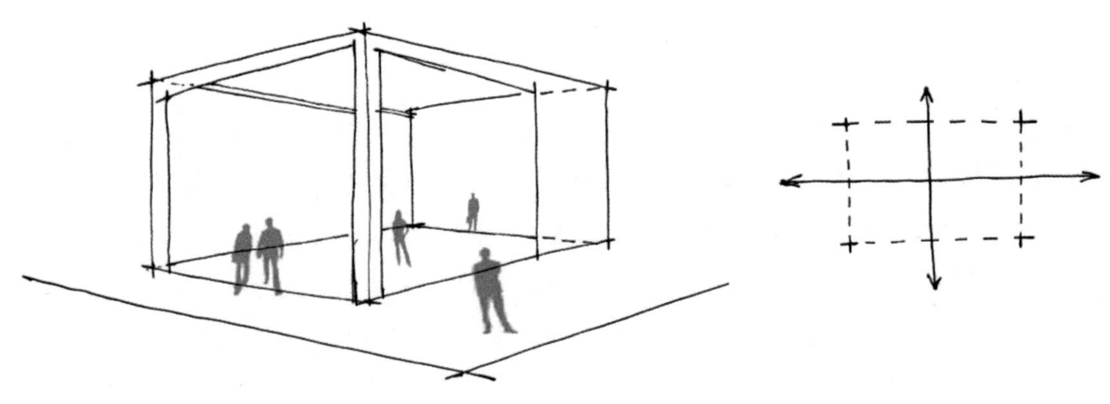

图 5-14　外向展示空间类型

(2) 内展空间类型

由于场地限制或展品保护，这类展示空间一般采用向内展示。这种空间形式具有很强的封闭性。为了弥补场地的缺陷，我们应该注重内部展示空间的管理，在展示中尽量运用各种艺术手段来吸引观众，使他们始终保持观看的兴趣。

(3) 通道空间类型

通道的形式最初用于水族馆的展览，现在它也是大型展览和博览会中比较流行的风格之一。其顶部是封闭的（全封闭或半封闭），有一个集中的视线和一定的路线，便于显示一个完整的过程。通道设计占地面积大、成本高、耗时长，但具有独特的显示效果。对于小型展览，它们通常很少使用。(图5-15)

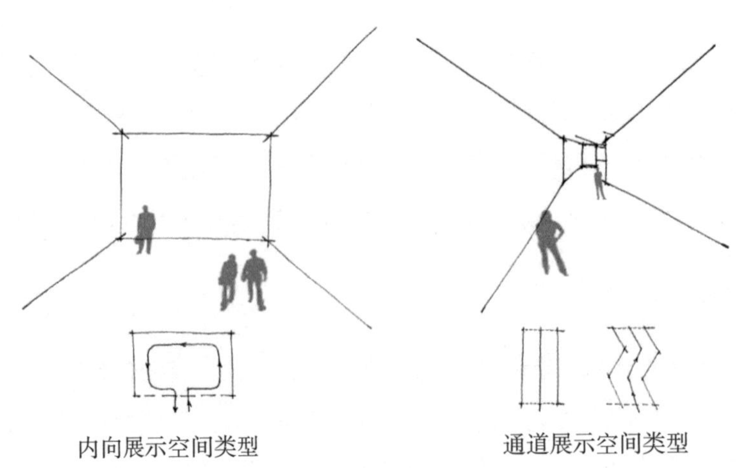

图 5-15　内向及通道展示空间类型

(4) 中心环(主题)类型

通常在一个展厅的中央设置一个展区或展位，将重要的物品、模型或广告放在展位(柜)的中心，并围绕中心进行相关内容的展示。(图5-16)

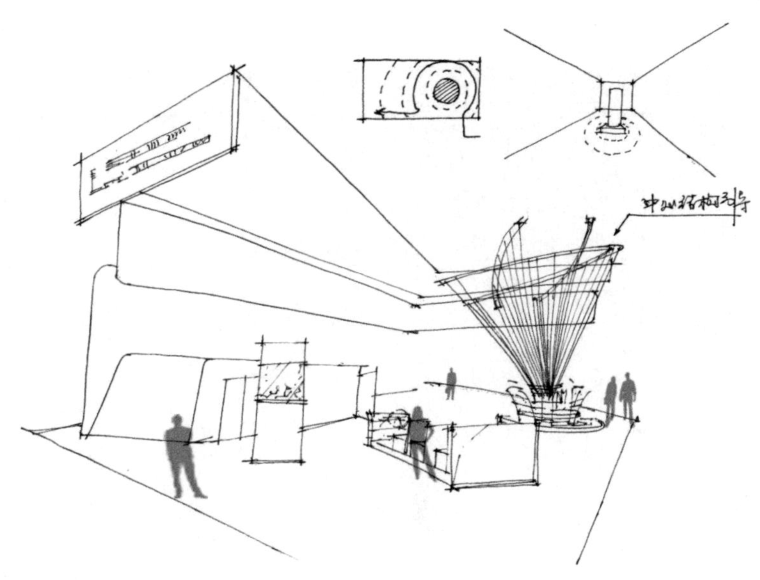

图 5-16 中心(主题)展示空间类型

(5) 悬挂类型

构图设计以空中展示为中心，四处展开。这种方法常用于天文馆的展厅和一些需要悬挂展品的展览，如灯展、飞行物展等。

(6) 水平空间类型

水平空间结构是展览设计中最常用的空间建模技术之一。一般来说，展台是在水平线上延伸和扩展(形状主要是正方形或长方形)，高度适合参观者站立和行走时的最佳视野。(图5-17)

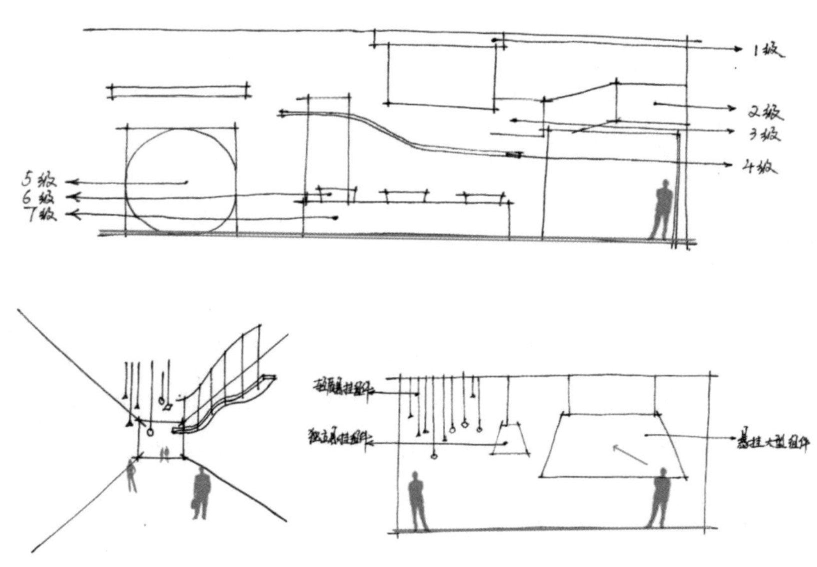

图 5-17 水平及悬挂展示空间类型

(7）圆弧空间结构

圆形或弧形给人一种丰满、柔和、圆润的感觉。圆可以是圆、椭圆或半圆，圆弧是不断变化的、自由的。虽然圆弧的形状给人一种多样、细腻的亲切之美，但生产加工成本较高，因此如果不是特殊需要，尽量不要选择圆弧的空间形状，否则现场展示空间的利用率较低。(图5-18)

图 5-18 圆弧展示空间类型[①]

4. 创新空间主要造型结构设计

(1）板块造型设计

板块造型设计是将各种形状的条板组合起来，然后按一定的形式排列的造型方法，分为垂直、斜向和水平三种形式。

优点：外形新颖独特。

缺点：制造和安装过程复杂。

(2）大跨度造型设计

大跨度造型设计是近年来兴起的一种新的设计模式，目前发展迅速，应用广泛，展示效果好，尤其适用于大型展品，如汽车、机械等。大跨度造型设计采用展区上方悬挂式全封闭或半封闭大跨度结构，该造型极有气势，视觉冲击力强。大跨度造型分为全围造型、半围造型和顶围造型三种。

优点：效果好，视觉冲击力强。

① Amanda marie. 建筑. 2017. 照片. Unsplash

缺点：创意设计困难，施工复杂，造价高。

(3) 镂空设计

镂空造型设计是以镂空的网格、彩幕、帆板等将展台用静态或动态的方式包围起来，可分为全围全镂空造型、全围半镂空造型和旋转镂空造型三种形式。参观者可以通过网格、彩幕、帆板等看到展台的造型和展品，当然也可以进去参观。这是一种全新的造型设计方法。

优点：独特新颖。

缺点：轻微视觉遮挡。

(4) 大悬楣造型设计

大悬楣造型设计是一种从背景上端伸出一块板的造型设计，其可以使展台整体设计更显时尚，突出的悬挂门楣非常气派，有很好的展示效果。大悬楣造型设计可分为整体悬楣造型、局部悬楣造型、独立门楣造型和镂空悬楣造型等。

优点：效果好，更震撼。

缺点：施工复杂。

(5) 呼应造型设计

所谓呼应造型设计，就是要把握场地的设计主题和元素进行结构设计，让同种设计元素在展厅的各个适当部位出现，以此让展厅的主体与每个部分的空间或形状相呼应。

优点：整体效果好，要素统一。

缺点：搭建稍困难，成本略高。

(6) 建筑造型设计

展馆的设计打破常规，建筑造型设计实现了这一点。建筑造型设计与普通的展厅设计完全不同，它与建筑的外观基本相同，给参观者一种新的建筑展厅的视觉效果。其设计思想可以从建筑造型或结构中衍生出来。

优点：效果好，更震撼。

缺点：成本高。

(7) 几何体造型设计

在现代展示空间造型设计中，把展具外形界面用具有立体感的几何方式体现出来，可使展台显得刚劲有力。

优点：有气派，造型有现代感。

缺点：设计复杂，成本略高。

(8) 视频动态造型设计

视频动态造型设计是利用LED或彩色屏幕在大面积的主体结构上营造一种全景视频动态展台氛围。

结构：钢木结构，面漆，乳胶漆，嵌入式LED显示屏。

优点：造型新颖别致。

缺点：生产和安装过程复杂。

(9) 悬挂造型设计

悬挂造型设计是指将各种造型悬挂在展位天花板上方，然后与灯光相匹配，其造型视觉效果好，有较强的震撼力。

结构：窗帘、透明膜、PVC等轻质材料。

优点：营造展馆氛围，视觉效果好，光线柔和。

缺点：在一定程度上影响展品的清晰照明效果。

（10）天地通造型设计

天地通造型设计是在展示区地台上向天棚或背景延伸的一种造型。其拓展了地面与天花板之间的展示空间，引发了视觉空间的转换，突出了展示主题，创造了展示空间的新意境，能更显著地吸引观众的视觉注意力。

优点：视觉冲击力强，造型气势非凡。

缺点：工艺复杂，施工困难，成本高。

（11）特殊（弧形）造型设计

异形造型设计不同于一般展厅的造型设计，它是创新和不同的风格。虽然风格独特，但并不意味着盲目追求新奇，而是将企业文化与产品品质自然融合，并运用各种展示设计元素，从而达到最佳的视觉展示效果。

优点：造型新颖独特，吸引力强。

缺点：设计构思困难，制作复杂。

5. 整体案例分析：安徽农产品交易博览会——宿州展馆设计

（1）设计初期准备阶段

① 项目背景与设计节点

宿州资源丰富，特色鲜明。其中以小麦、玉米、花生等农产品产量居首；百里黄河故道作为砀山丰富的连片水果产区，有着较浓厚的历史文化；灵璧、泗县的畜牧养殖依旧是安徽省内强县的代表。

设计节点（图5-19）：

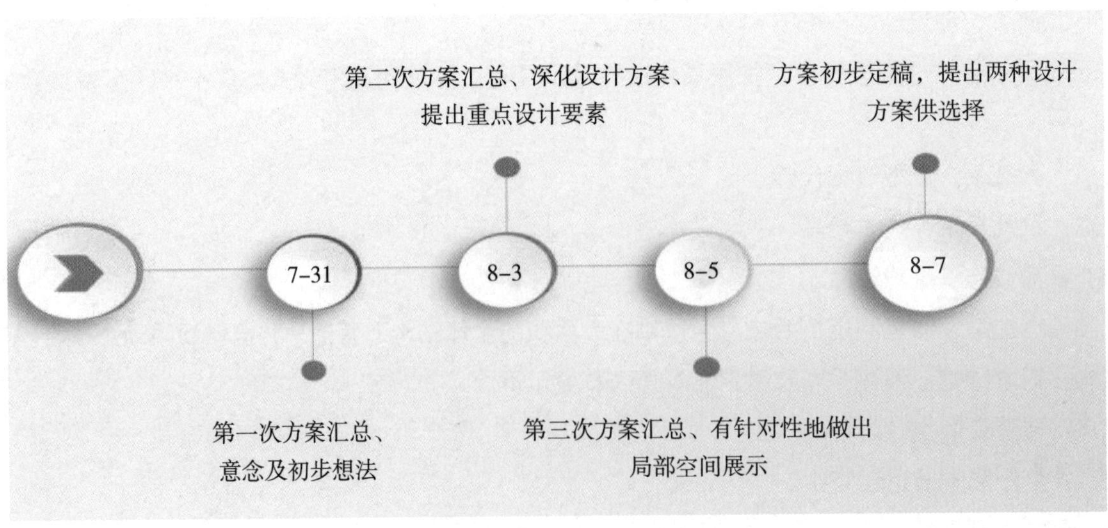

图 5-19 设计时间节点与安排

第一阶段——包装设计

2014年9月开始，设计学院对皖北农产品包装进行设计调研。

2015年7月初，邀请相关高校共19名师生，参与皖北十家知名企业的包装设计。

第二阶段——深化包装设计

2015年7月8日至18日，为皖北十家企业设计包装100余件，均获得企业认可并生产使用。

第三阶段——农展馆设计准备

2015年8月初，宿州农展调研阶段，对宿州各家企业进行实地调研参访，对每家企业的要求进行记录整理。

第四阶段——农展馆设计深化

2015年8月初之后，宿州农展设计阶段，设计期间，对每家企业的要求一一完善，力求做到最好的设计。

（2）方案构思及手稿阶段

设计初期，对宿州当地的历史文化、地理位置、特色品牌等信息进行整理与搜集，提出初步设计构思：

① 以宿州各县区地理位置为界，进行空间布局与区域划分；

② 以宿州交通（铁路干线、高速交通）线路为区域划分方式进行分区；

③ 提出有机线条、绿色空间、多边形空间、矩形空间的区域划分方式。(图5-20至图5-27)

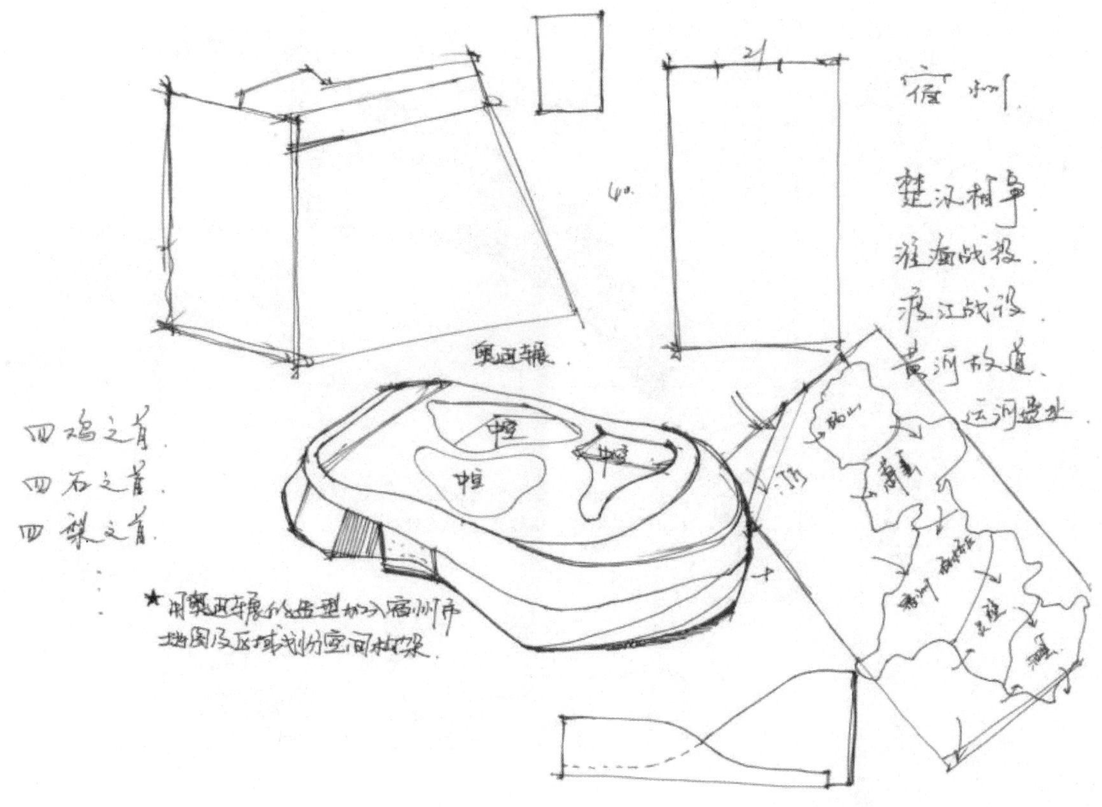

图 5-20　设计手稿-1

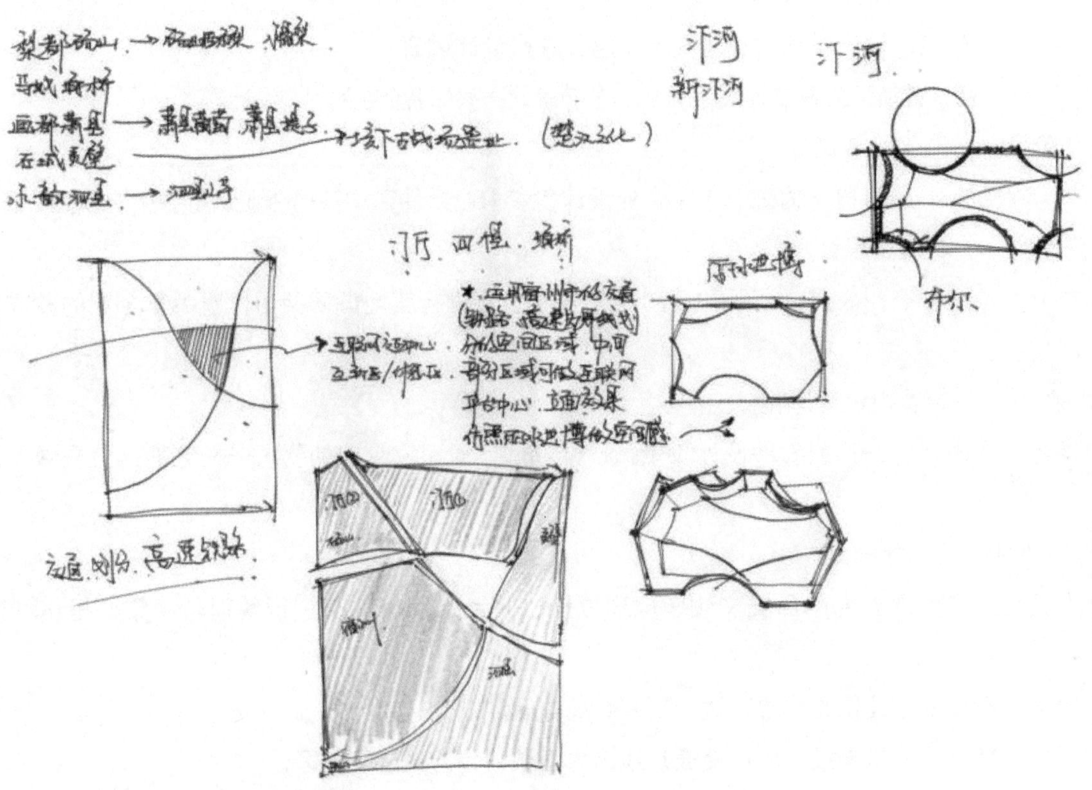

图 5-21　设计手稿-2

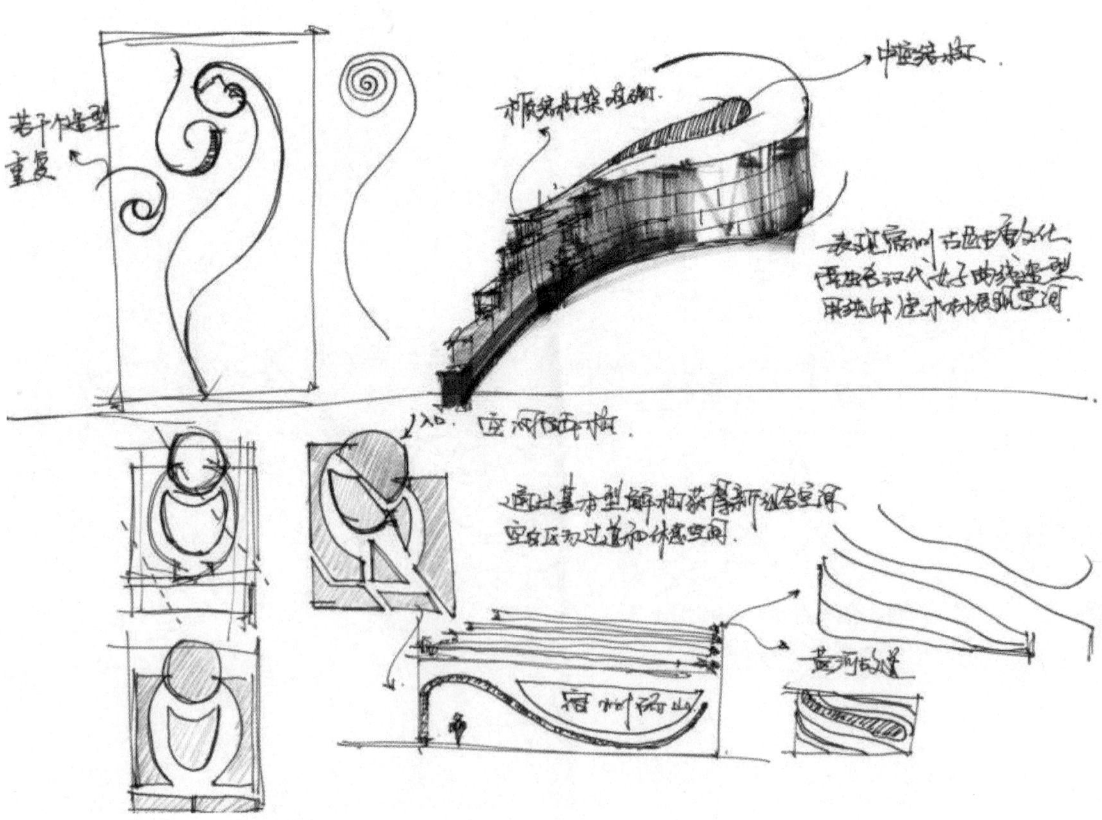

图 5-22　设计手稿-3

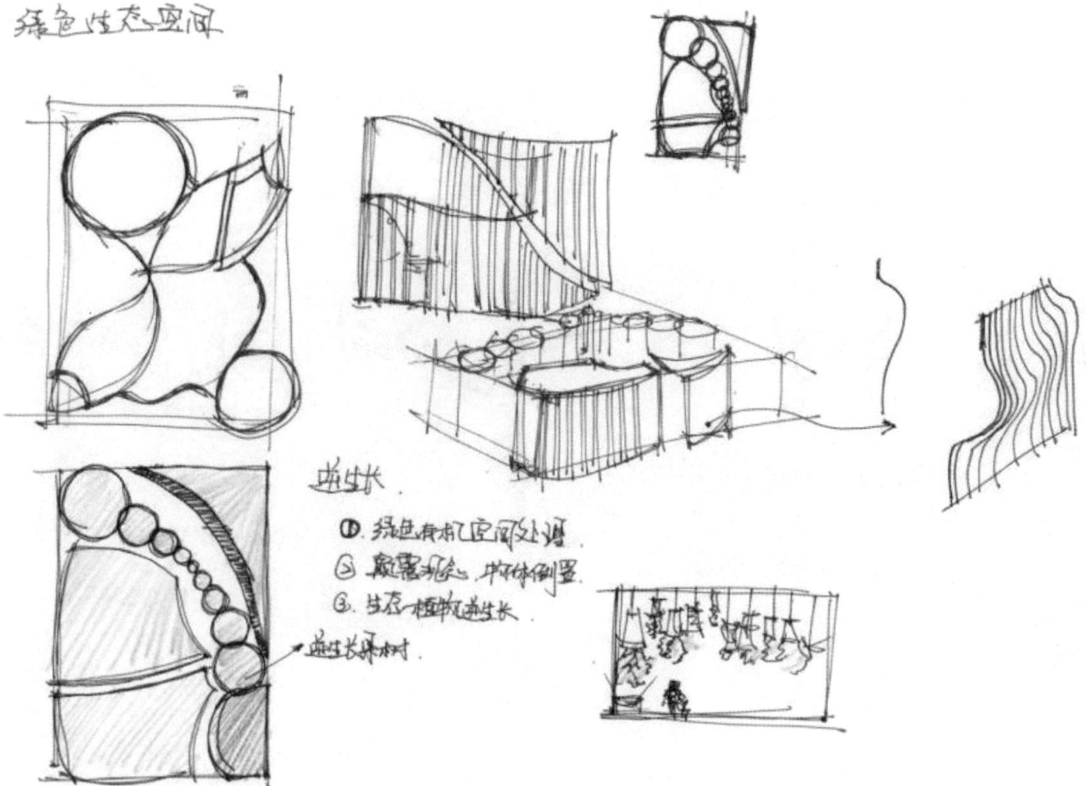

图 5-23　设计手稿-4

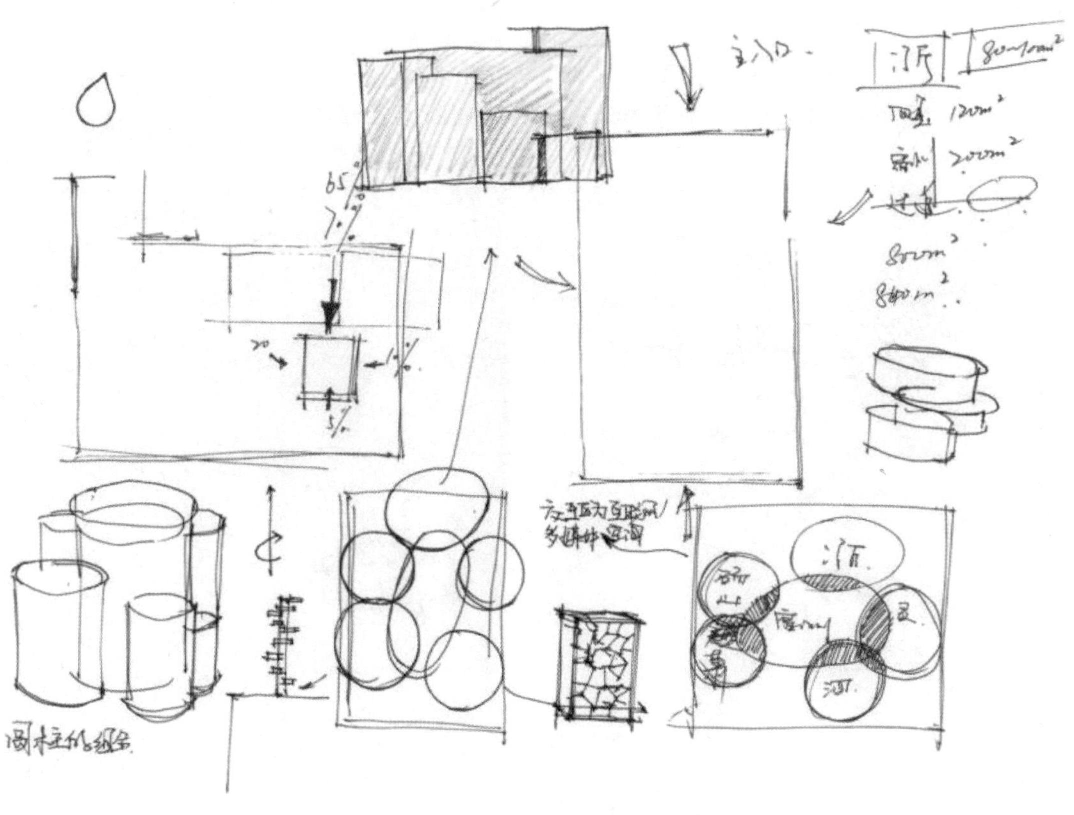

图 5-24　设计手稿-5

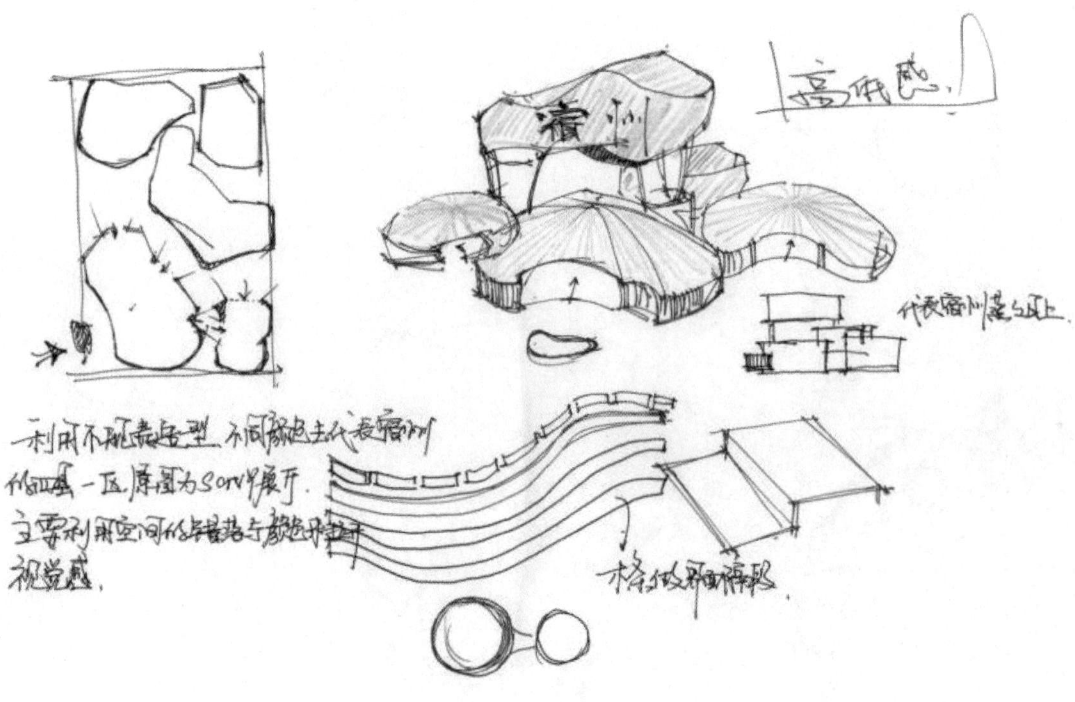

图 5-25　设计手稿-6

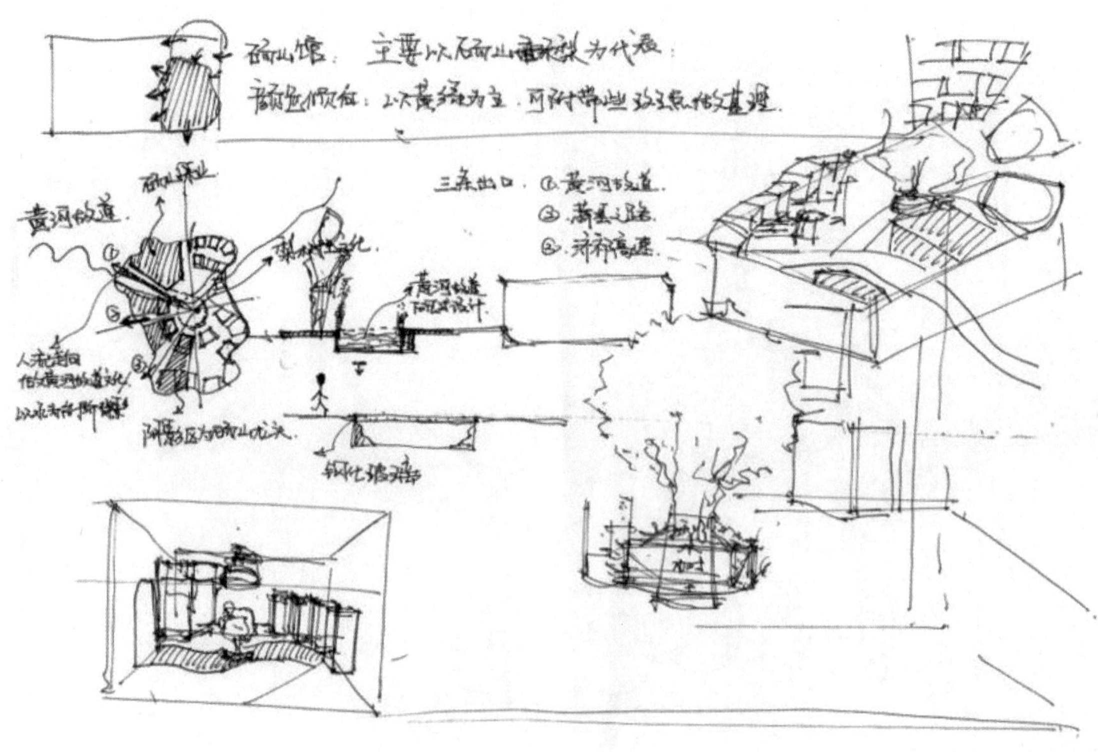

图 5-26　设计手稿-7

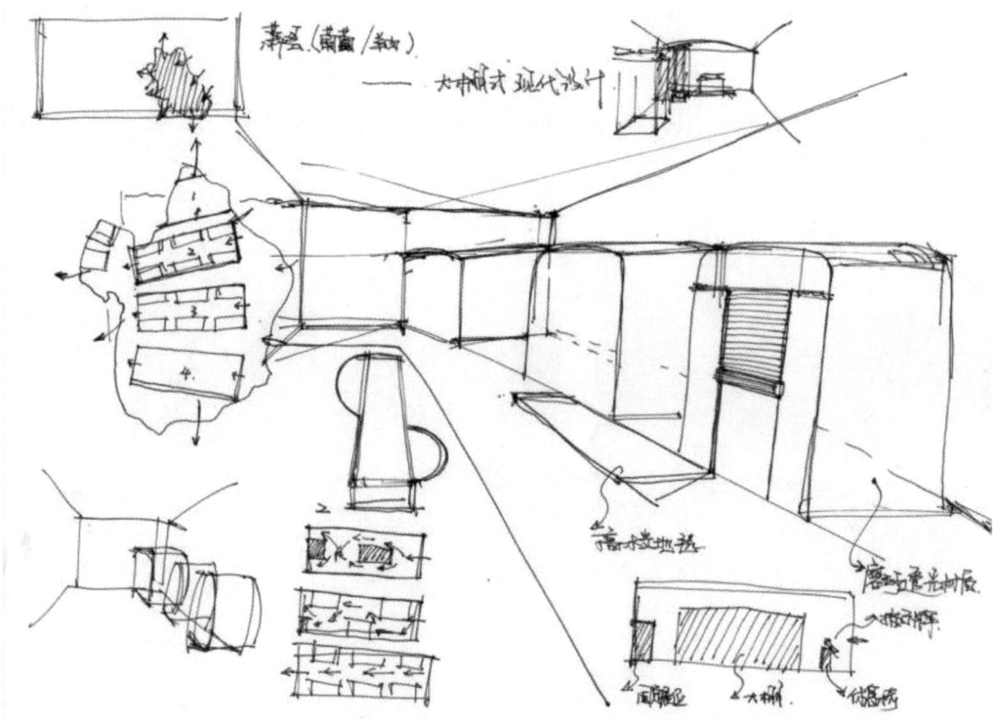

图 5-27　设计手稿-8

(3）草案评议及决策阶段

在前期的设计思路与草图整理过程中发现，宿州历史悠久、底蕴丰厚，其“运河古城，大美宿州”之形象深入人心，遂将以此作为宿州馆的设计主题，展示出宿州农业浓郁鲜明的地域特色，提出草案的深化版本。(图5-28)

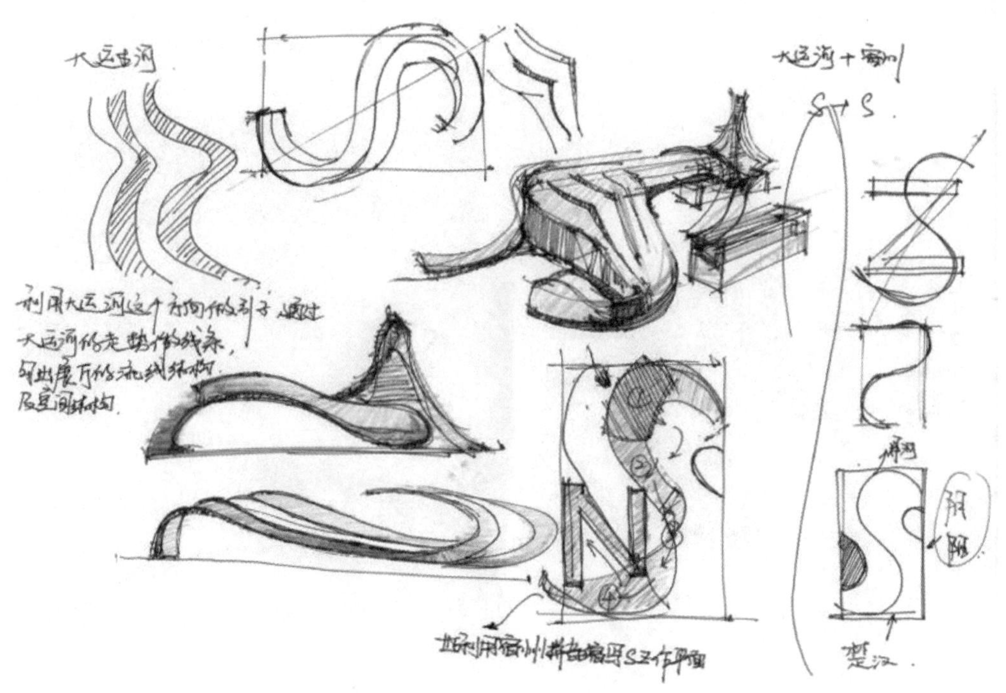

图 5-28　设计深化稿-1

运用独有的设计理念，整体展馆造型以宿州拼音首字母“S”为创意，借助延绵流畅的曲线造型，塑造特有的展示空间。门头设计运用大运河的河岸线进行抽象，大跨度的流线体态统领全局，传递出宿州继往开来、锐意进取之城市面貌。根据展馆位置做出适当的倾斜，动感十足，更加体现了其城市特色。(图5-29)

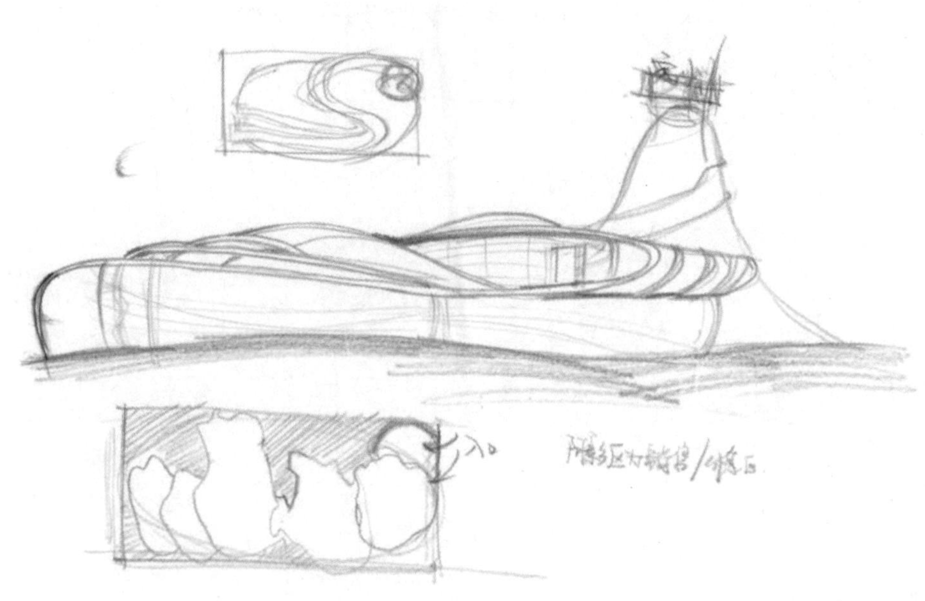

图 5-29　设计深化稿-2

门厅在体现宿州发展进步的同时，用梨树剪影的灯箱体现宿州的农业产业联合体、智慧农业以及循环农业的亮点，抽象梨树加上现代造型形成极强的视觉冲击力。(图5-30)

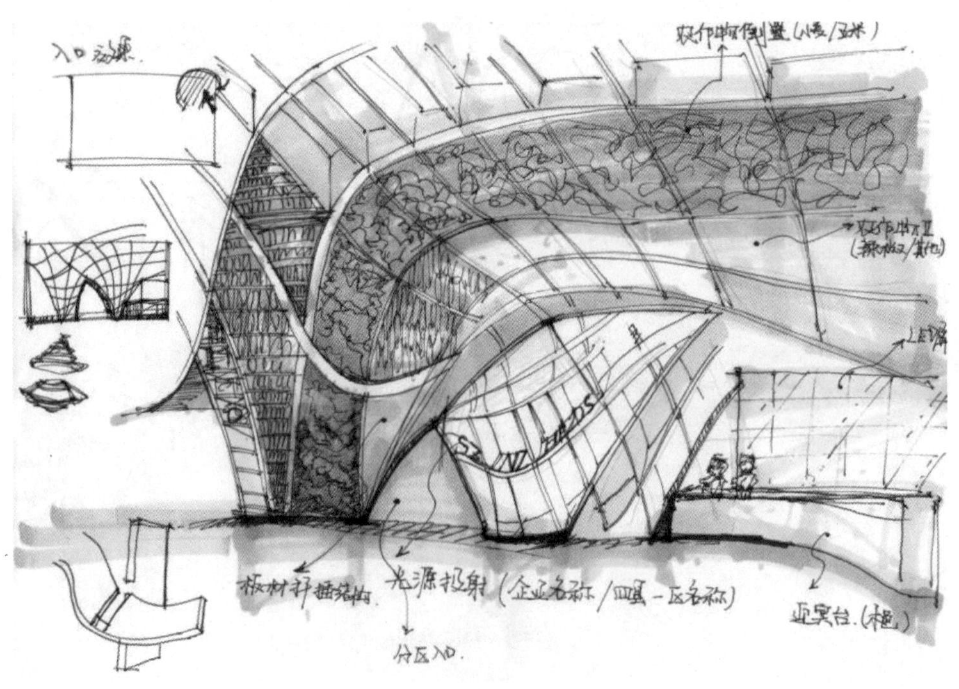

图 5-30　设计造型表现

（4）设计前期制图阶段

设计前期，根据各县区提出的参展企业信息及面积要求，在设计草案的基础上，进行空间区域划分，按人流动线的观展顺序依次为：埇桥区、开发区、“互联网＋”、高新区、砀山县、泗县、萧县以及灵璧县。（图5-31）

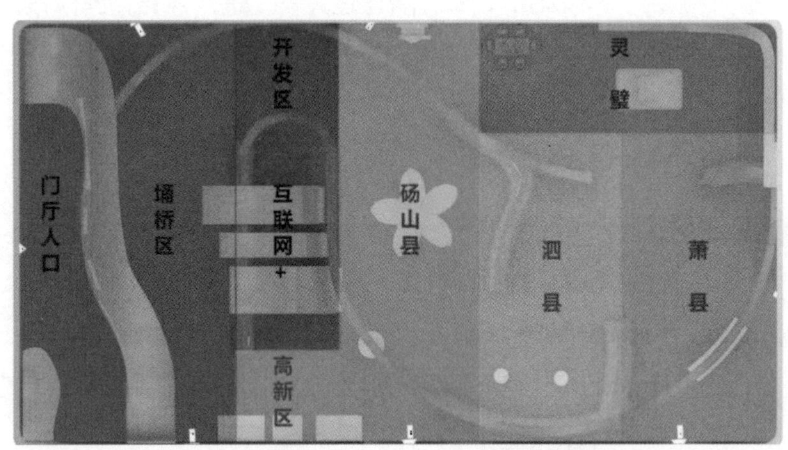

图 5-31　平面分区规划

埇桥区以龙头企业皖神为起点，现代感造型符合古河底蕴。开发区、“互联网＋”和高新区，特色鲜明、内容丰富。其中，高新区主要以高科技展示文化产业发展为主要手段；“互联网＋”区域主要服务于宿州整个展馆的线上线下交易环节，部分县区企业可以用“互联网＋”的形式去展现自己的品牌。

砀山县区采用层递展台，提取砀山标志性建筑梨花广场为主要设计元素，通过简化变形形成梨花造型效果，贯穿果海绿洲的文化元素，用梨花海为贯穿连线衔接每块区域，以“花果山”的水果堆积体现其水果产业之实力（图5-32）。泗县区采用面对面弧线的形式，包裹并划分出泗县的区域，以两矮柜形式划分产业重点，整体空间中人流线路清晰流畅，形成很好的引导趋势。萧县区以弧线形式置放展台展柜，合理利用展馆区形成内外结合的形式，可展可销。灵璧县区以中心灵璧石为重点，企业环绕灵璧石摆放展台，并借用画中画的设计，去体现灵璧的观赏石文化之乡的特点。

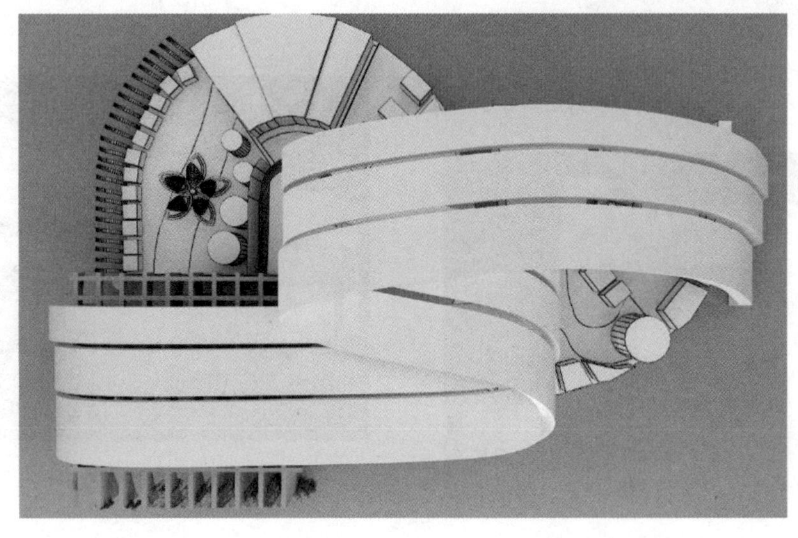

图 5-32　设计草模-1

根据设计草案与设计分区，初次制作空间结构造型。该结构有效地表达前期设计文案及文化要素（图5–33），后因造价与成本问题，对方案的部分结构进行优化，进而提出深化后的设计方案。（图5–34）

（5）设计定版制图阶段

通过与委托方汇报、评议后，深化后的设计方案通过评议，进入深化制作阶段。该阶段需完成空间结构的材质表现、照明效果表达以及空间细节体现进一步制作，以达到施工制作所必要的细节尺寸。（图5–35至图5–38）

图 5–33　设计草模–2

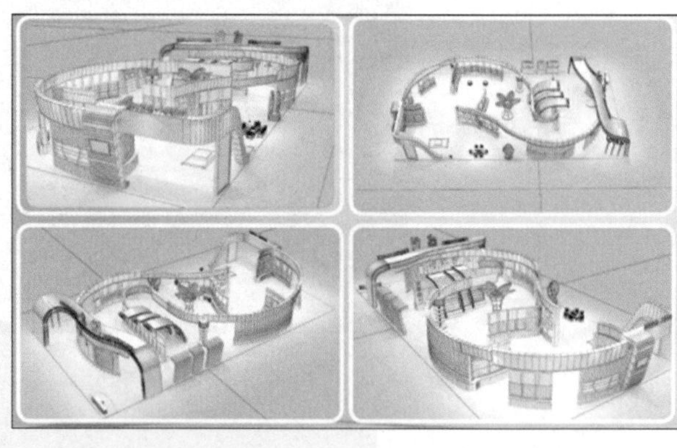

图 5–34　设计深化白模

图 5–35　设计效果表现–1

图 5–36　设计效果表现–2

图 5–37　设计效果表现–3

图 5–38　设计效果表现–4

（6）展前施工阶段

施工阶段一（20天）：施工方依据设计图纸进行制作的阶段。展馆的设计材料使用，考虑其展示周期、制作工艺及施工成本，主要以木质结构为主。制作时，施工方通过放样、切割、拼接、表面处理等依次对单个组件进行制作，此时要求设计方在深化图纸阶段，对单个组件的尺寸详细标注，以确保制作时数据清晰，能快速完成单个组件的制作。（图5-39）

施工阶段二（5天）：当单个组件被依次制作完成后，需晾干处理，对表面产生裂缝或脱落的结构进行二次修补；清点各组件并标明连接记号，为后期组装提供方便。（图5-40）

施工阶段三（3天）：开展前三天，施工方负责将各组件运送至展览中心，在展馆中依次对各组件进行组装，对现场组装时出现的不稳定结构进行加固处理，安装各灯带、灯管并通电测试；组装完毕后，对整体结构进行二次表面处理，此时以着色为主，将制作时所需要的各类颜色依次喷涂于表面。（图5-41至图5-43）

图 5-39　展前施工制作-1

图 5-40　展前施工制作-2

图 5-41　展前施工制作-3

图 5-42　展前施工制作-4

图 5-43　展前施工制作-5

（7）方案实施阶段

待基本施工完毕后，组装大屏、多媒体等重要物件，清理现场，等待开展。（图5-44至图5-47）

（8）设计反馈与反思

展览期间，设计团队在参展人群中随机选取若干名观众进行问卷调查，对设计方案的结构、色彩、材质、照明等多方面进行评价；展览完毕后，设计团队将对本次的设计方案进行整理与总结，提出问题与解决办法，在未来设计时，能有效规避问题的出现。

图 5-44　现场实景主入口

图 5-45　现场实景接待处

图 5-46　现场实景侧面

图 5-47　现场实景后入口

6

第六章　空间字词训练之竖向概念

针对空间思维词句的虚实与阴阳、抽象与几何、模仿与仿生等重点环节，以及空间思维段落的整体性、美观性、创新性等关键部分，设计适宜的训练进行强化，通过学生训练作品的解析对初学者在思考训练环节容易忽略的地方进行剖析。

第一节　展示空间思维训练之词句

1. 空间词句训练之虚实与阴阳

题目：利用卡纸为材料，设计顶面为“方”、底面为“圆”的柱体，注重截面之间的过渡式样，明确“虚实与阴阳”的空间词句法则。

要求：采用20cm×20cm的正方形卡纸，制作柱体，主要分析柱体的侧面；共制作2个，一个采用折叠的方法，一个采用切开的方法；折叠的柱体，分析实空间在角度转折上的光感、美感等；切开的柱体，分析虚空间与实空间相互渗透的美感、光感等；注意柱体在360度旋转过程中的美感，避免视觉死角。

（1）训练1

作品整体制造了有序的连续对比，接近黄金比例部分制造强对比，于底部再次使用顶部结构，形成首尾呼应，使得整体协调有序。但整体造型语言略显平常，缺乏一定张力，对比感不足。作品上部分变化不够丰富，较大面积平庸，造型比例设计不够，还有上升空间。作品下部分纵向造型直白，缺少造型改变，长度比例与整体结构相比略显失调。作品制作有心，体量感较好，符合题意。（图6-1）

（2）训练2

整体作品比例较为和谐，基本型由下向上渐变的设计表达较为出彩，有一定想法。作品纵向空间高低起伏韵律明显，环视作品周围优雅端庄。作品对棱角的处理较好，中上部对棱角进行渐变处理，角度改

图 6-1　虚实与阴阳——训练 1

变自然、渐疏，具有一定的仪式感。作品对素描关系把握恰当，黑色背景衬托整体轮廓。视觉体验上美观大方、协调舒适、质感突出。作品整体制作较为一般，下部制作略显平庸，缺少变化。(图6-2)

(3) 训练3

作品采用合理收腰设计，拉开整体比例，使得整体形态具有张力和形式美感。独特韵律让作品更具特色，具有一定仪式感。横向比例略弱，收缩感较强，整体环视优雅。作品纵向转折角度自然独特、优美端庄的气韵贯穿其中。作品给予观众的视觉体验是一种优雅的、内敛的高尚品质，具有一定的象征性。棱角转折传达出一种独特的质感体验。作品在制作工艺上略显粗糙，有待加强。顶部空间比例还可进行微调，完善整体协调感。(图6-3)

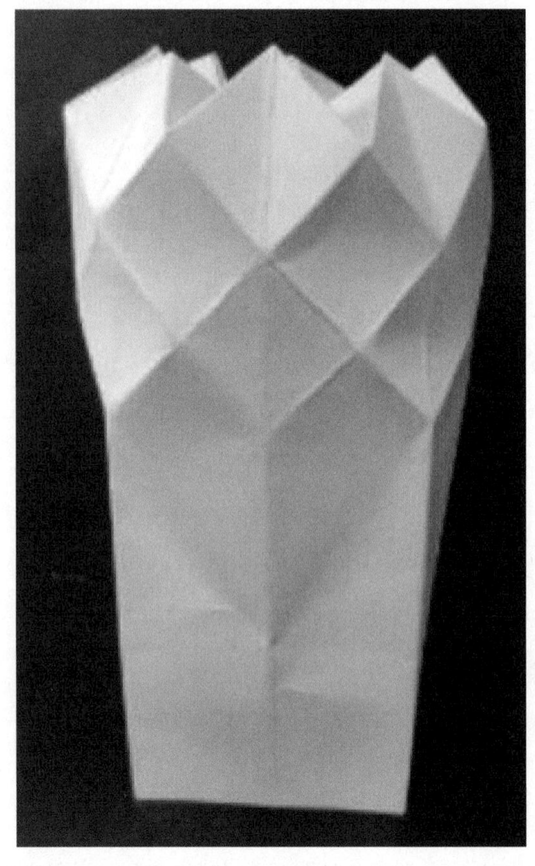

图 6-2　虚实与阴阳——训练 2

图 6-3　虚实与阴阳——训练 3

（4）训练4

作品整体使用元素、基本型较多，缺少主次之分，拉低整体层次、造型、结构等，所以略显平庸。好在作品纵向造型较为丰富，加强了对比。整体比例也逐渐协调，环视作品能有较好的空间韵律感。作品整体内容设计过多、较为烦琐。没有视觉中心点，无法令人驻足欣赏，缺少主次关系。作品中正圆、三角等元素的融合不够自然，缺少整体性、协调性，在基本型的过渡与衔接上还需改进创新。作品制作有心，体量感较好，转折层次丰富，具有一定的结构美感。（图6-4）

（5）训练5

作品整体比例和谐，于黄金分割处分离、转折。视觉体验上美观大方、协调舒适。高低起伏韵律明显，环视作品周围优雅端庄。作品对棱角的处理较好，底部凹陷三角呼应整体。角度改变自然、美观。作品对素描关系把握恰当，黑色背景衬托整体轮廓。光感对比明显，质感突出。整体制作较好，细节处理得当。细微转角明确可见，具有良好的视觉体验。（图6-5）

（6）训练6

整体作品方正体量充足，结构造型大气恢宏。横向内敛三角与纵向镂空三角造型结构呼应，连接整体。作品整体在镂空比例与高低层次方面考虑周到，使得作品整体虚实空间对比有致，光影变化层次也较为丰富。作品蕴含内容略多，例如内敛收缩的结构、外在抬起的结构、镂空通透的结构等。但是整体处理得当，疏密关系合理。作品主体造型为方形，棱角感体现明显。作品制作工艺良好，光感较好，具有一定的体量感。（图6-6）

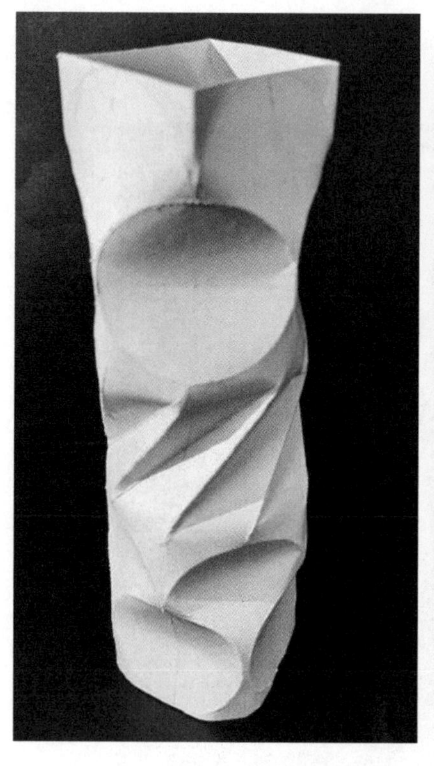

图 6-4　虚实与阴阳——训练 4

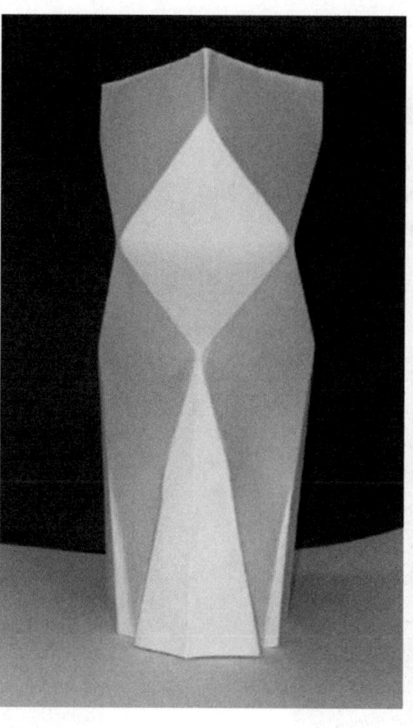

图 6-5　虚实与阴阳——训练 5

图 6-6　虚实与阴阳——训练 6

（7）训练7

作品整体方正和谐，以直线为主。横向镂空堆叠的设计表达，使得作品的虚实空间对比较强。作品整体比例适当，大行对比。结构大胆，转折丰富，虚实得当。作品蕴含内容略多，例如内敛收缩的结构、外在抬起的结构、镂空通透的结构等。整体气质硬气优雅。作品基本型繁殖丰富，虚实关系较为合理。虚空间与实空间相互衔接，气质内敛，虚虚实实、隐隐约约的品质美感蕴含其中。作品制作工艺良好，光感较好，光影之间又增加了作品几分独特的魅力。（图6–7）

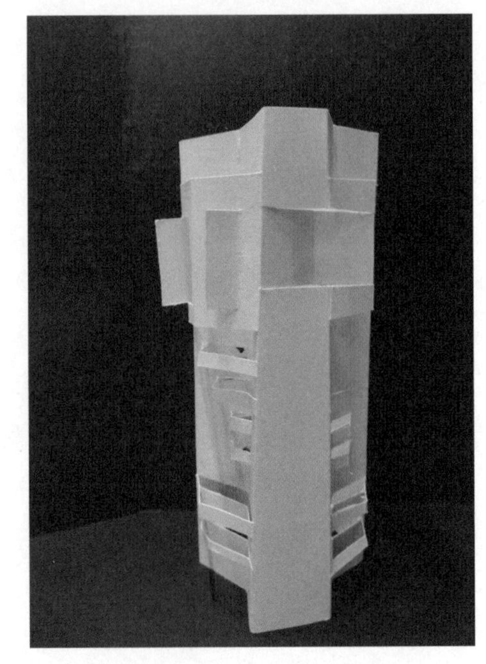

图 6–7　虚实与阴阳——训练 7

（8）训练8

作品整体方正和谐，结构内嵌螺旋上升的斜线线条。在有限的空间内，塑造有序、规整的虚实空间，风格独特，品质到位。虚实比例与底部的比例巧妙构建稳重质感。作品整体形态统一，具有较好的变化形态，风度氛围有力生长。作品上部分虚实空间构建有序巧妙，富有创意的结构构思简单大方，但效果氛围出彩。作品制作工艺良好，底部开孔构建和谐整体。光感形态展现较好，富有生命力。（图6–8）

（9）训练9

作品整体三段设计，但是过渡与衔接部分构思巧妙，所以不显孤立，多而不乱。作品整体三部分比例较为平均，稍有不妥。但整体虚实空间制作较好。作品元素、基本型丰富，处处细节无不透露着一种坚毅、刚强的气质。整体虚实空间制作较好，但元素关联性略弱，稍显复杂。作品制作工艺良好，横截面顶部视角开孔构建和谐整体，使得空间不是封闭围合之作，光感形态展现较好。（图6–9）

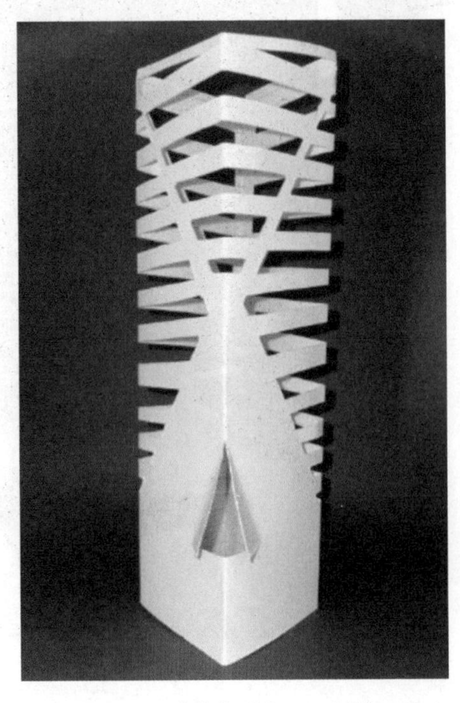

图 6–8　虚实与阴阳——训练 8

图 6–9　虚实与阴阳——训练 9

2. 空间词句训练之抽象与几何

题目A：利用卡纸为材料，可以搭配另一种材料，设计制作一个“球体”作品，注重单位型和繁殖的思考，明确“抽象与几何”的空间词句法则。

要求：设计制作直径约20cm的球体，主要分析球体的内部空间；运用“抽象与几何”的方法，重点从球体的结构点、线、面中找关系；注意球体的形态美，分析虚实空间、渗透连接的美感、光感；注意球体在360度旋转过程中的美感，避免视觉死角。

（1）训练1

整体评价：整体以点、线为单位型，圆、三角形、圆弧等进行有序繁殖，体量感充足，秩序美观、环视优雅。（图6-10）

细节评价：

① 以球体作为基本型，作品空间饱和、比例协调、对比有致，具有一定的韵律感，体现出一种柔和圆润的氛围品质。

② 以三角体作为基本型，作品运用镂空三角体在空间中穿插有序，虚实空间对比恰当。整体感觉为尖锐中带着理性与灵动的品质体验。

③ 整体质感较好，细节处理得当，具有良好的视觉体验，细微转角还可适当磨合。

图 6-10　抽象与几何 A——训练 1

（2）训练2

整体评价：整体以线的变异为单位型，将不同体验感的线条等进行有序繁殖，在建立体量感的同时，考虑整体感受，秩序美观，环视优雅。（图6-11）

图 6-11　抽象与几何 A——训练 2

细节评价：

① 各个作品在空间中多为饱和发散形态，用边线强调边界，虚实手法运用得当，镂空使得空间不致沉闷，形态、体态美感充足、各异。

② 各个作品的节奏把握明确，基本型繁殖有序，质感与品质通过线条基本表达清楚。

③ 整体氛围较好，细节处理得当，造型新颖独特。作品衔接处结构或方式还有不足之处。

(3) 训练3

整体评价：整体单位型为面的变异，圆、三角形、正方形等进行有序繁殖，加以灯光辅助表达，整体体量感充足，氛围质感强烈、优雅合题。(图6-12)

细节评价：

① 作品角度转折变化较为自然，过渡与衔接手法使用恰当合理，作品整体性较强，灯光强调内敛品质。

② 由面产生出光影，强调素描关系，利用灯光打造光影，强调对比，突出氛围，作品美感充分。

③ 整体氛围感强，细节处理得当，视觉体验优雅，视觉冲击力强。

图 6-12　抽象与几何 A——训练 3

题目B：一款功能和造型兼具的瓦楞纸玩具作品，小组合作完成。

要求：采用瓦楞纸，结构以插接为主，辅助粘接；作品比例为1∶1，演示阶段需要可以承载所设计的玩具功能和相应的重量。

（1）训练1

整体评价：整体结构有力，体量巨大，团队协作较好。在满足功能使用的同时考虑到了视觉美感，整体韵律有序，环视优雅。（图6-13）

细节评价：

① 作品长度、宽度、高度比例恰当，符合人机工程原理。爬升区域与滑道区域比例和谐，处于黄金比例区域，滑道坡度安全合理，设计规范，用心良苦。

② 增加曲线外形，结合整体，制造氛围，拉近与用户的心理体验，底部采用镂空手法，打破整体厚重感，设计巧妙，规整合理。

③ 整体视觉较好，功能合理，具有一定的细节考虑和良好的视觉体验。

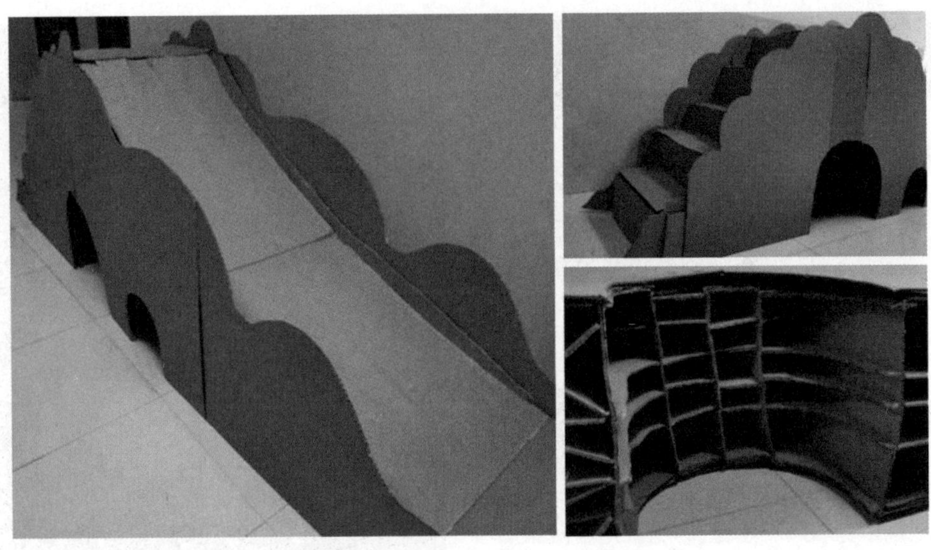

图 6-13　抽象与几何 B——训练 1

(2）训练2

整体评价：结构有力，功能出色。整个物体的结构十分扎实，形体感强。棱角分明，体积感十足，韵律有序，环视优雅。作品在结构韵律上呈网格状，视觉上效果强烈，又显得沉稳扎实。(图6-14)

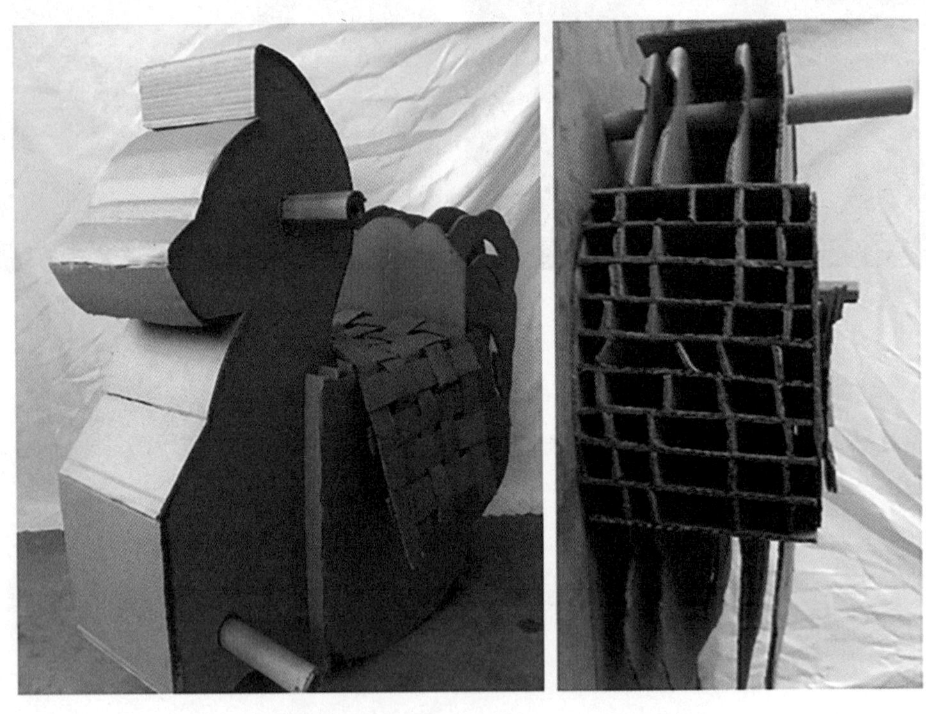

图 6-14　抽象与几何 B——训练 2

细节评价：

① 比例恰当，合作完成。整个物体的承重结构合理，大小比例符合人体的使用范围，结合了人机科学性。小组作业配合较为出色，作品完成度较高。

② 视觉较好，功能合理。作品兼具了美观与实用，功能上考虑了人体的需求，从而比较合理。

3. 空间词句训练之模仿与仿生

题目：利用铁丝为材料，设计制作“一线雕”的作品一件。注重形态美观、作品重心、塑体方法等，注意“模仿与仿生”的空间词句法则。

要求：采用1~2mm粗细、3~5m长的一根铁丝，以尖嘴钳弯曲编制为加工方法；主题设计，捕捉（哺乳）动物的一个姿态，抓住其主要特征进行抽象与仿设；一根铁丝进行编制，避免“弹簧式”形体塑造，多利用结构线塑造体块；针对动物的躯干、头颈、五官、姿态等，进行深度研究，用线简化概括；注意成品在360度旋转过程中的美感，考虑动作代表性和重心，避免视觉死角。

（1）训练1

整体评价：

① 动物特征刻画深刻。仿生训练中的动物形态特征把握得十分合理，物体的细节刻画也十分生动形象，动态感十分强烈。（图6-15）

② 比例适当，空间感强。比例设计符合动物的生理特征，具象化效果突出。带有动态的小鹿空间感塑造得也无可挑剔。

图 6-15　模仿与仿生——训练 1

细节评价：

① 躯干头颈设计出色。小鹿的整体动态呈回首展望的姿态，头颈部位塑造得十分生动形象，躯干位置符合整体动态，设计上较为优秀出色。

② 五官姿态取舍较好。整个作品取舍方面十分合理，保留了小鹿最重要的特征，舍弃共性，保留特性。

(2) 训练2

整体评价:

① 动物特征刻画较好。熊猫的动物特征抓取得十分合理，使得动物的辨识度较高，细节的刻画也十分丰富详细。(图6-16)

② 比例适当，空间合理。熊猫的比例设计十分得当，空间的构造，有虚有实，也较为合理。

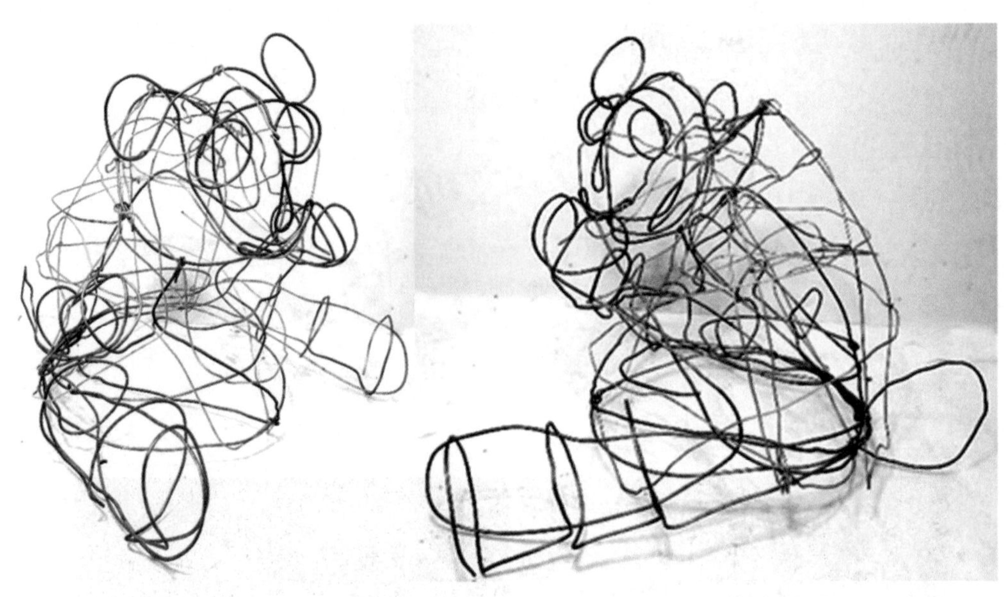

图 6-16 模仿与仿生——训练 2

细节评价:

① 躯干头颈设计出色。作品的躯干设计符合熊猫的特征，抓住了最为重要的关系，观赏性高。

② 五官姿态抓取一般，颇为死板，缺少动物的灵性和特点。整体上较为不错，可圈可点。

图 6-17 模仿与仿生——训练 3

(3) 训练3

整体评价:

① 整体是兔子的造型，由铁丝构成，抓取兔子的轮廓。(图6-17)

② 在造型上从兔子蹲姿获取了灵感，整体比例恰到好处，设计的姿势刚好有很大的受力面积。

细节评价:

① 作品整体形象突出，躯干头颈比例合理，表现力极强。

② 五官姿势能够得到很好体现，有其独特的韵律，运用简单的线条勾勒出生动的形象。

③ 仿生空间是由外立骨架为主要元素做的空间，动物特征明显，刻画生动。模仿与仿生空间设计得当，视觉刺激明显，视觉韵律丰富。

（4）训练4

整体评价：

① 整体是鹤的造型，由铁丝构成，抓取鹤的轮廓。（图6–18）

② 在造型上从鹤的站姿方面获取了灵感，整体比例恰到好处，设计的姿势刚好可以使鹤站立。

细节评价：

① 作品整体形象突出，躯干头颈比例合理，鹤的体现十分出色。

② 五官姿势较为简单，身体走线太复杂，骨骼显得不充分。

③ 仿生空间是由外立骨架为主要元素做的空间，动物特征明显，细长的腿与长脖准确抓取了鹤的特点。

④ 模仿与仿生空间设计得当，整体比例恰到好处，姿态优美。

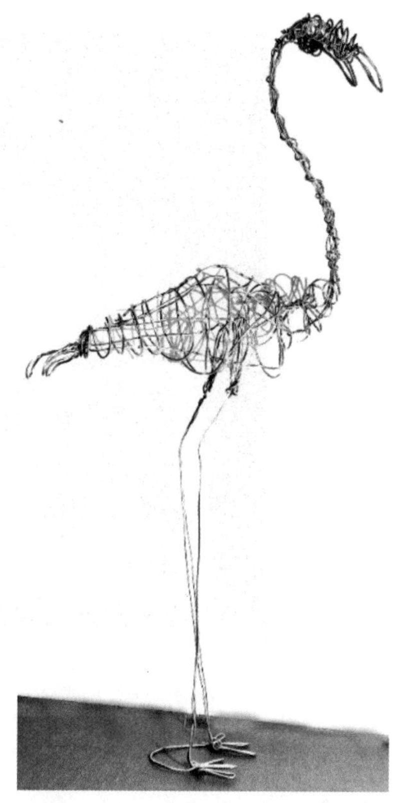

图 6–18　模仿与仿生——训练 4

第二节　展示空间思维训练之段落

1. “随风舞动”装置作品

题目：设计“随风舞动”主题的空间创意作品（装置）一个，关注作品“动静”之“美学＆结构”。

要求：设计作品的高度不低于50cm，可以竖立于底座（地面）之上；运用空间创意方法，静止状态下重点分析结构设计和美学设计；作品在有风的情况下可以产生明确的动态美，“动”的原理可以包括摆动、振动、飘动等，避免风车的动态；注重作品360度旋转观看的美感，避免视觉美盲区。

2. 训练与解析

（1）训练1

作品底部以蓝白绿的黏土混合铺成以模仿地球表面，上面铺满各色空心吸管，通过这一单位型的繁殖来模仿被砍伐的雨林树木，表达了“保护环境”的主题。其中由吸管做成的风车表达了摇摇欲坠的未被砍伐的树木，同时也呼应“随风舞动”这一作业题目。（图6–19）

作品采用较轻柔的材质，更好地表达了主题。运用重复、对比的设计手法进行模拟仿生，有深沉含义蕴含在作品中。作品整体有一定的氛围感，层次细节也较为突出。整体协调性不错，但材料使用较为单一。

图 6-19 段落训练 1

(2) 训练2

作品的主题主要是想表达一个成年人的童真随风舞动。成年人的童真是有束缚的，所以在代表童真的风车等一些物体外加上了一个立体框架，代表束缚的感觉。运用一些几何元素完成了整个立体构架，虽然有风车这种具体的东西，但其占作品的比例不大，和整体融合较好，比较和谐。风车的转动，小球的摆动，羽毛的飘浮，棉花的飘浮，与“随风舞动”主题相契合。(图6-20)

图 6-20 段落训练 2

作品采用多种材质，搭配合理，轻盈感显著。木制骨架在空间中穿插、排列，白色羽毛和泡沫球组成实体部分，虚实空间比例协调。造型独特，具有浪漫、婉转的仪式感。整体氛围感、仪式感较为出色，具有一定的故事性。

（3）训练3

作品以点、线为单位形态，将构成的元素有序组合，分层次展现了装置艺术的每一个面。整体连续、动静有致，看似每个元素独立但又互有联系，有动有静。空间繁殖有序、环视优雅，通过基本型的繁殖，扩大整个装置的视觉效果。(图6-21)

空间饱满且张弛有度，曲线韵律感十足，旁边有小球点缀。作品静观雅致，动观高级。高级感在整体画面中突出，符合题目所提出的“随风舞动”主题。高低错落，艺术感十足。

图 6-21　段落训练 3

（4）训练4

作品以虚的方体为单位型，经过不断繁殖，有了一定的体量，具有一定的视觉冲击力。文化色彩，有疏有密，采用中国红的配色，吸引观者眼球，虚实合理，连贯统一，方体为镂空设计。作品细节竖向和谐、韵律有致。此作品的设计十分有想法，造型上巧妙精细，动态十足。但是色彩过于单一，还有上升空间。静观细节，搭配略杂，可以调整一下整体造型的连续性。(图6-22)

图 6-22　段落训练 4

（5）训练5

作品以双色纸环为单位形态，由不同的高给予错落感，不同的长给予基础稳定感。主题突出、色彩考究，高低的变化从四维时间上表现出生长从低到高递进的变化。虚实间至、连贯统一，造型上空间元素简单明了，排列组合上动态线明显，视觉效果上韵律十足。色彩跟随造型变化而变化，不显得单调平庸。静观优美，动观淡雅，色彩运用上大胆而又遵循规律。(图6-23)

图 6-23　段落训练 5

(6) 训练6

作品以风车为单位型，进行繁殖、重复，用泡沫板作为支撑，长短不一的泡沫板上插着大小不一的风车，从中间向四周，风车由大到小，泡沫板由长到短。黑与白分布不均，形成鲜明对比。(图6-24)

作品整体强调“动”字，利用可以随风转动的风车元素体现动态感。整体结构分布较为均匀，特异变化突兀，表达模糊。风车形象较为具体，缺少创新感。整体空间动态感强烈，但在颜色、材质上还可以进一步思考。

图 6-24　段落训练 6

（7）训练7

作品以“随风舞动”作为主题，选取了彩色纸条与丝线作为元素来突出轻盈的特点。以七夕许愿彩纸为原型，在方形框架内进行线与彩色纸条的增殖，运用最简单的点与线的形式表达飘动感，达到一种点线间的融合与统一，而不仅仅是表象性。用错落且颜色不一的纸条表现美感，形状为正方形的框架给人一种稳定感，同时框架内的空隙较多，营造出轻巧的氛围，不显得沉闷。（图6-25）

图 6-25 段落训练 7

此作品的基本型虽然简单，但是整体衔接、对比、氛围感做得都不错。运用了木结构，选择了纯度较低的颜色在空间中做变化，使得空间协调有序。整个造型有较大的体量感，但虚空间较多，相互搭配出了一种轻盈的感觉。整体空间轻松、不压抑，视觉观感丰富。

（8）训练8

作品主题为“随风舞动”，脑海里就想到了蝴蝶这种常见的飞行动物。整个作品以黑色底板、铁丝、纸和羽毛构成。整体来看，从下到上慢慢过渡，给人一种蝴蝶群一拥而上的感觉，高低不一，具有韵律感。单位型由小到大，从低到高，繁衍而生。羽毛给人一种轻盈的感觉，作为点缀给整个作品增添了一些色彩感。遇风舞动，凸显蝴蝶和羽毛本身的特点，带来蝴蝶翩翩起舞、羽毛随风摆动的样子。（图6-26）

图 6-26　段落训练 8

作品整体氛围感良好，细节丰富，采用有机繁殖发散基本型，但是有机生长态势不够明晰。空间缺少协调对比，衔接与过渡不够。整体带有一种独特的故事性，也具有一定的舞动之感。整体空间蕴含一种向往自由的象征感，气质、氛围等方面表达较好。

(9) 训练9

作品使用方片材料为基本型，又为上、中、下三个部分，使用镶嵌黏合的方法进行组合。(图6-27)

作品整体具有一种独特的雕塑感，特立独行，仿佛一只白色精灵。整体造型细节层次丰富，虚实、镂空等设计使得作品带有一种灵动质感。洁白无瑕的通体造型具有一种与世无争的品质，象征高洁、优雅。整体作品气质独特，具有较好的视觉韵律体验。

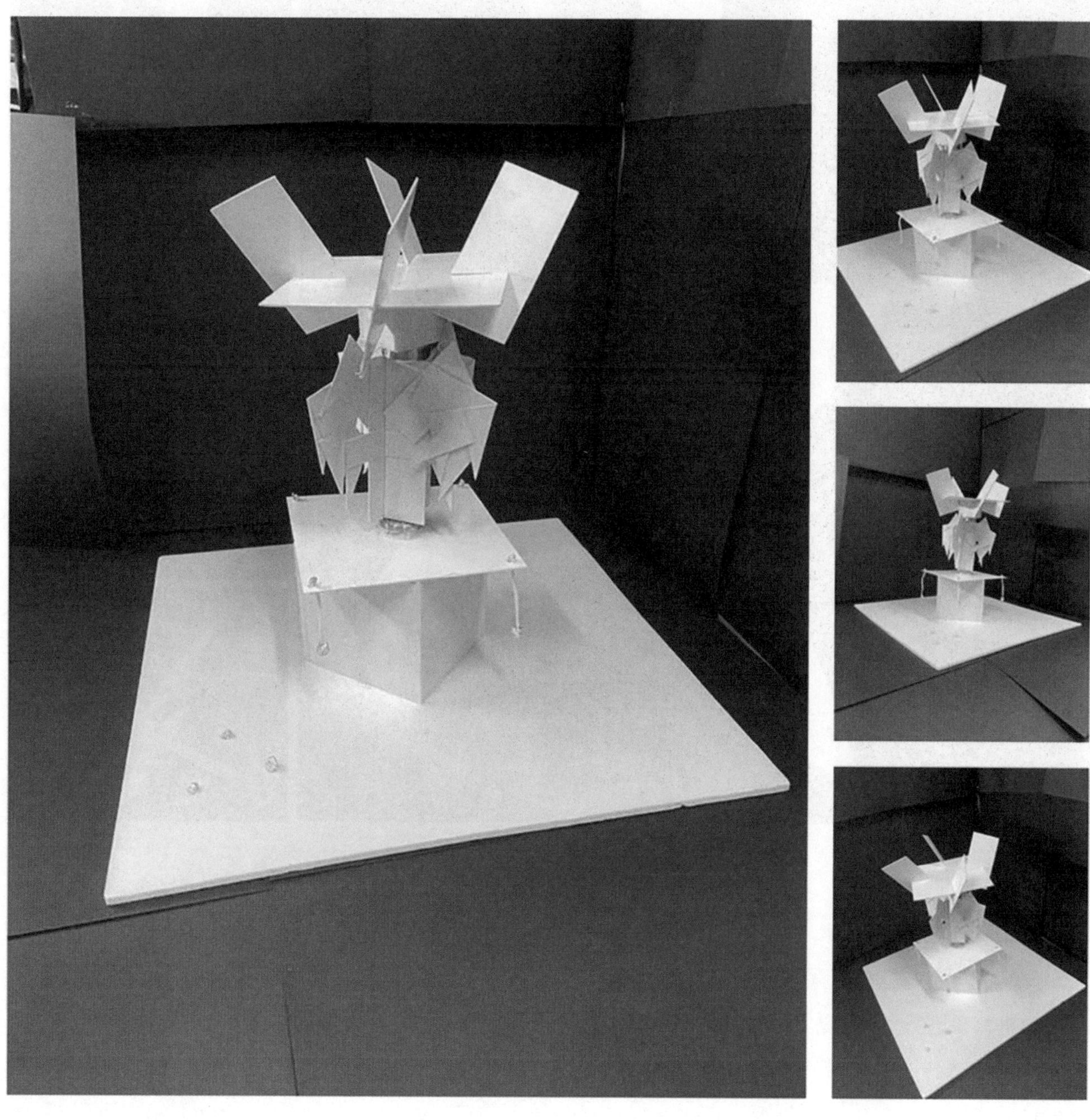

图 6-27 段落训练 9

(10) 训练10

作品灵感来源于风车与风力发电机。在外形上，主体的下部分用的是树木的颜色，扇叶用的是树叶的外形，因此将科技与自然相结合，表达环保的理念。另外，在可动方面，柱体中部和顶部的扇叶可以

被风吹动，从而达到舞动的效果。(图6-28)

作品环保理念立意较好，科技与自然结合优秀。整体造型上空间元素简单明了，排列组合上动态线明显，视觉效果上韵律十足。

图 6-28 段落训练 10

(11) 训练11

作品由大小、颜色不同的超轻黏土球构成，通过“点”元素的复制，加上元素本身的改变，通过一定规律将元素进行堆叠，达到多样统一的美感。框架由两个直径为50cm的圆作为顶、底，中间用四根细钢管作为支撑，上下用棉花悬挂营造宇宙氛围，天地间为人间，天与天之间为宇宙。黏土球为混色构成，色彩上对比产生美感，摆放上的层次设计显得特别而优雅。贴合作品要求，在微风拂过时轻轻摇曳，让人幻想出宇宙无限的空间里无数的行星以及环绕其周的卫星，就好比太阳系，环状空间，一环扣一环的模样增加其韵味美感。(图6-29)

作品的造型与想法极具特色，而且做工精良，色彩上多样丰富，美感十足。整个空间造型美轮美奂，色彩上较为丰富，而且整体空间的氛围感营造得很有风格。

图 6-29　段落训练 11

（12）训练 12

为了让物体可以旋转起来，在主物体的下方放了一个轴承；为了使物体在受到自然风的状况下可以自己旋转，将小木棒粘上了厚纸板和KT板，增加其受力面积；又考虑到单位型的繁殖，在主物体的四周放置了四个小型的简易的次物体。整体作品为简约风，所以当作品上方有灯光的时候，主次物体会有投影映在KT板上。作品主体由旋转构成，想法巧妙，物品制作精细，瑕不掩瑜。此作品的设计十分有想法，造型上巧妙精细，动态十足。（图6-30）

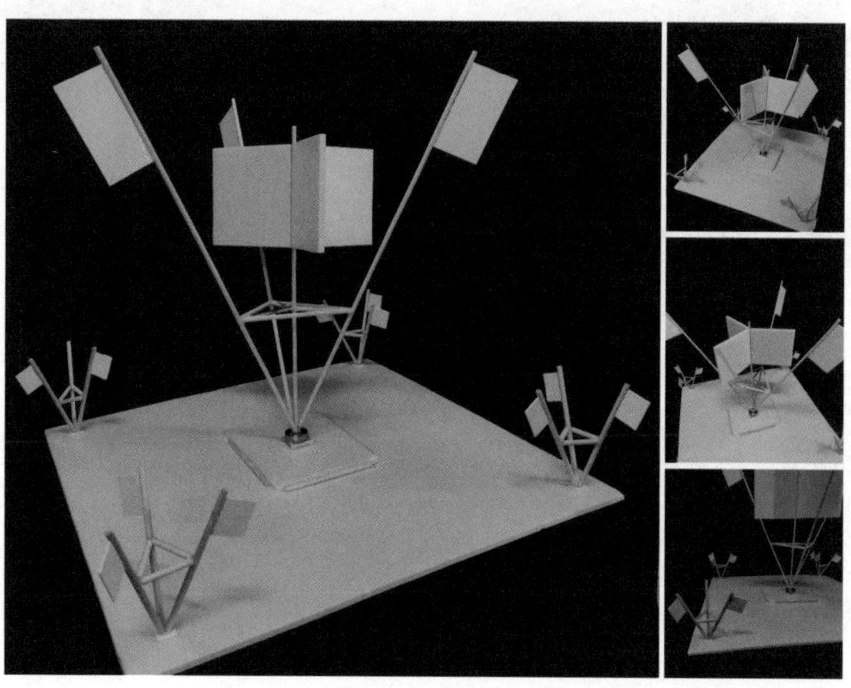

图 6-30　段落训练 12

（13）训练13

此作品模拟了一棵树的形状，用三棱锥做了一个基底。因为作品的主题是“随风舞动”，所以在上面挂了很多棉花，在树的中间挂了拉菲草，模拟了有风的时候树叶沙沙作响的声音。作品上挂了星星灯，增加了整个作品的氛围感。树木以及麻绳的应用，烘托了整体氛围。采用重复对称等设计手法，使得造型丰富，层次突出。造型独特新颖，硬质的树木与柔软的棉花，营造出意想不到的视觉效果。整体空间简洁却不呆板，视觉效果明显，视觉韵律丰富。（图6-31）

图 6-31　段落训练 13

（14）训练14

作品使用木棍组成了一个可以随风旋转的简单器械，随后周边运用小的单位形体即花卉来进行多次复制，随风可以自然摇摆晃动。侧面粘贴了一个铃铛，随风可以做到观感与听感相结合，花卉的香味使作品具有了嗅觉上的感受，感官体验极佳。（图6-32）

作品有着乡村小调的情调，营造了悠然的意境，木棍、麻绳以及小花丰富着整个空间。整体空间主要采用“烘托”的设计语言，空间舒畅，结构清晰，线条装饰极具美感，尽显匠心。

图 6-32　段落训练 14

（15）训练 15

作品基本型采用空心矩形为元素进行繁殖，素材使用单一的卡纸和热熔胶进行组装。色彩方面采用白色、米白色、灰色三种颜色，以白色为主，以灰色为辅，以米白色为点缀，整体形成清新淡雅的氛围色系。不同大小的空心矩形元素纵横交错进行衔接繁殖，整体呈现一种四棱锥的视觉感。底层基本型进行由大到小的顺序繁殖。中层自然衔接，顶部有小挂饰，符合随风起舞可动性的要求。此作品追求优雅唯美的风格，运用最简单的基本型组装成视觉唯美淡雅的设计作品。（图 6-33）

作品重复有机生长态势明显，具有较强的生命感。细节层次等穿插丰富，灵动有趣。采用具有纯净感的白色，使得整体气质端庄高雅。整体具有较强的仪式感，符合主题，但在虚实空间对比上还有待改进。

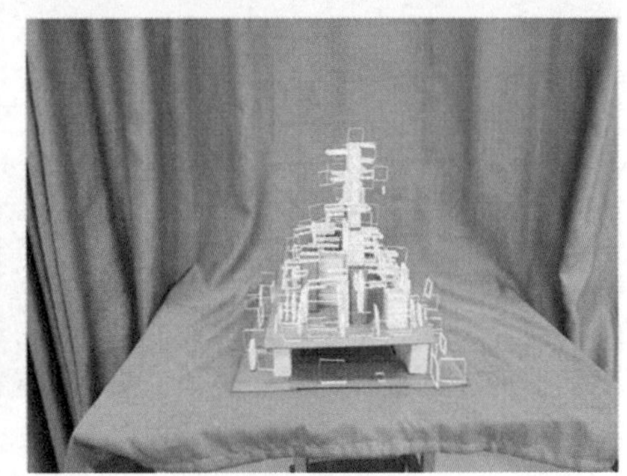

图 6-33 段落训练 15

（16）训练16

作品创意来源于水母、章鱼这一类海洋软体动物，单个基本型是由三角形正负形组成的。镂空的基本型，可以让整体有更深的层次。整体是根据软体动物来制作的抽象立体空间，上方是由较细长的三角形组合而成的球体，下方是正方形下垂形成的菱形，中间是带有三角形正负形的镂空图形，底部是由圆柱体构成的一个支柱，支撑起这个整体，可以让这个整体更好地“飞舞”。整体感觉就像章鱼在海底游动时的韵律。颜色主要运用的是淡绿色，给观者以心情舒畅之感。采用重复对称等设计手法，使得造型丰富，层次突出。抽象演绎水母形态，独特新颖。虚实空间相结合，在对比的基础上产生规律。整体造型略显单调，但符合主题，在虚实空间对比上还有待改进。（图6-34）

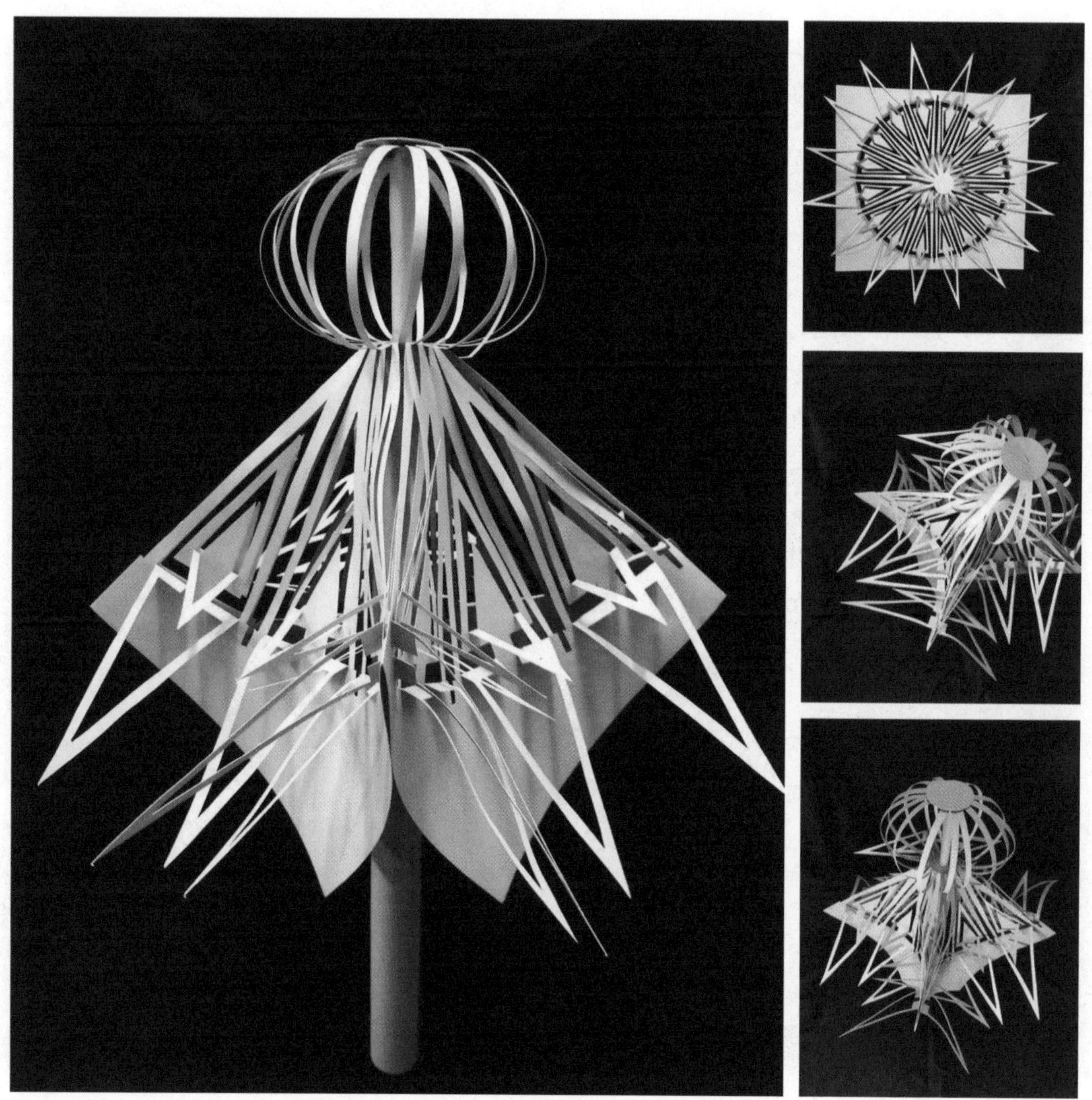

图 6-34　段落训练 16

（17）训练 17

作品以植物剪影作为基本型，在繁衍生长的规律上分两种路径，横向上采用了随机分布式生长，而在纵向上采用基本型交替向上的生长规律。色彩主要为黑白，使用的分配比例为 2∶8。为了让画面有突出的点睛之处，最靠前的基本型的顶端使用了金属喷漆，符合特异的形式美法则。因为主要靠中段来固定而两边不进行固定，所以如果有风吹过时，会有疏影婆娑的动态感，给人以宁静的视觉感受。（图 6-35）

作品采用模拟与仿生的设计手法，模拟植物的形态，具有一定的生命力。有机生长的动态感表达较为合理，但还有提升空间。色彩搭配只有黑白，较为突兀，可用灯光或阴影来衔接，使整体协调。整体造型单薄，对比、协调等方面考虑不周，还有待改进。但整体氛围感、生命感还是可观的。

图 6-35　段落训练 17

(18) 训练 18

本作品利用镭射纱和铁丝的结合形成一个抽象的水花，利用不断繁殖而产生海面波涛汹涌的景象，超轻黏土制作的礁石，更加形象地表现出阳光下海洋波光粼粼的感觉。利用纱自身的特点，取其不同光线下的不同感觉来表现海洋的深沉，展现阳光下海岸线上的礁石和海水的拍打构成的美丽画卷，让观众向往。(图6-36)

作品采用模拟与仿生的设计手法，模拟海浪的形态，具有一定的动态感。扭曲弯转的曲线，呼应主题，飞舞飘扬。材质、色彩丰富，细节层次较好，灯光点缀。整体氛围感出众，具有浪漫、梦幻的象征性品质。

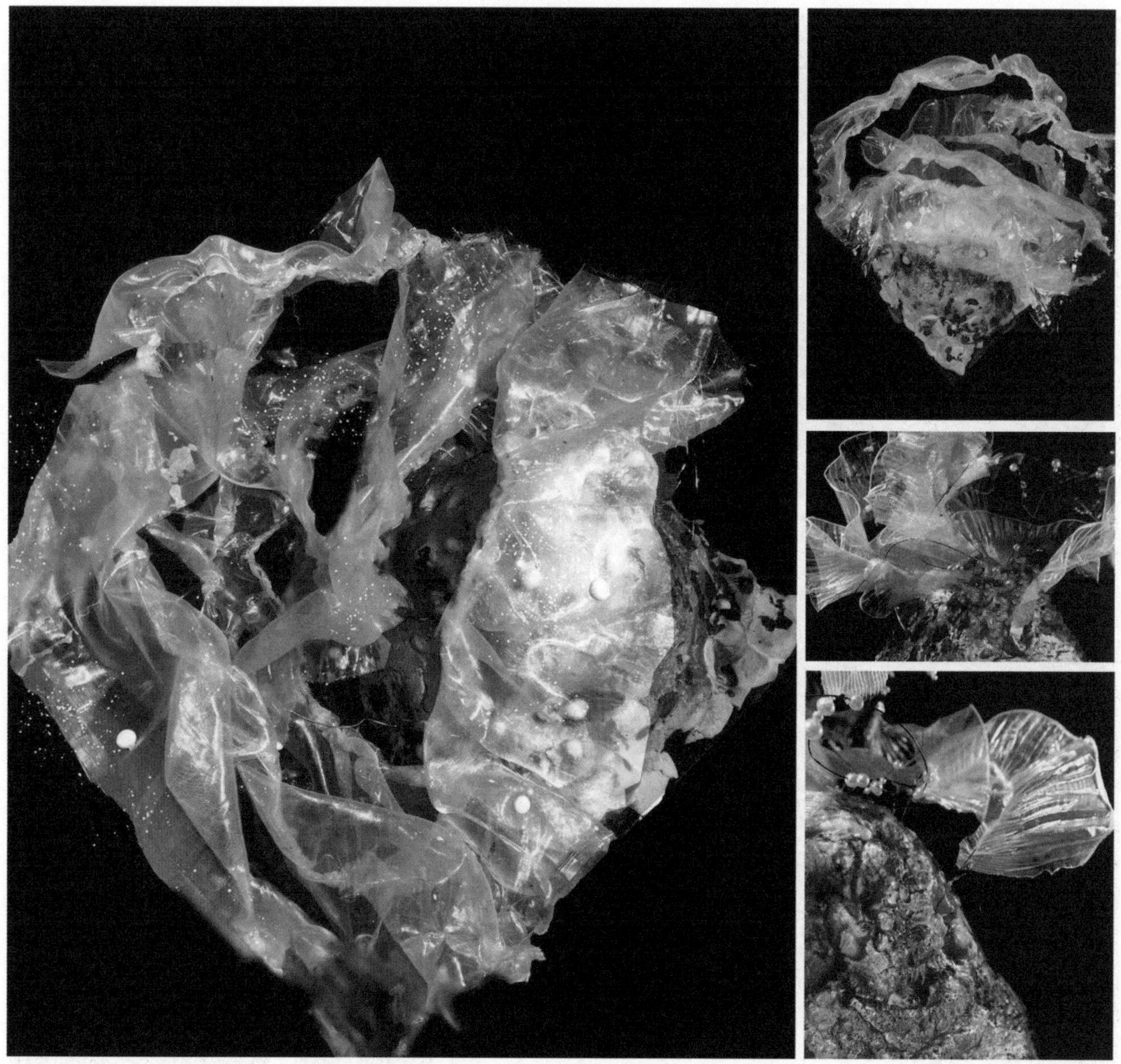

图 6-36　段落训练 18

(19) 训练 19

正方体是此案例的繁殖基本型。制作材料主要是纸，然后底座的制作方面使用PVC板，接着再使用鱼线把正方体一个个地吊起来令其下垂。其中，正方体有聚有散、有密有疏。作品运用了比较明快的色彩，使整个作品看起来不是那么压抑，而是更加鲜明活泼。(图6-37)

作品空间结构较为厚重，但符号文化在空间中繁殖有序，大小对比强烈，符合主题。结构上采用两种材料，增加了细节层次。色彩搭配美感不足，还有待提升。作品整体氛围是有了，但做工细节等方面还有待改进。

图 6-37　段落训练 19

（20）训练20

此作品以圆环为基本型，用圆环的不稳定性突出“随风舞动”的主题，并以基本型变化排列组成双环圆球和三环圆球，大圆球内嵌小圆球穿插排列。圆球向上和四周繁殖扩散，黑白色对比强烈，周边一个大黑球中有一个小红球的内嵌，形成特异感，增强了作品的吸引力。整体呼应了主题“随风舞动”，具有较强的动感。(图6-38)

作品采用重复与排比的设计手法，虚空间的球体在繁殖、生长。空间质感良好，形式对比强烈，有较强的氛围仪式感。材质、色彩丰富，细节层次较好。作品整体氛围感不错，具有规矩、有机的象征性品质。

图 6-38　段落训练 20

(21) 训练21

此作品创意来源于游乐场的大摆锤，但是大摆锤是均匀分布的，在此基础上，对其进行了变化，将方体这一基本型进行不同角度的连续反复繁殖而产生一定的韵律，环绕出的效果达到一种平衡感，在每个角度都能呈现出曲线感。俯视来看，作品形成一条近似圆形的路线，四周的小球作为装饰，可以随风舞动，整个作品也可以进行旋转从而达到随风舞动的效果。(图6-39)

作品细节层次穿插丰富、灵动有趣，整体空间内部的设计恰到好处地烘托起整个氛围。

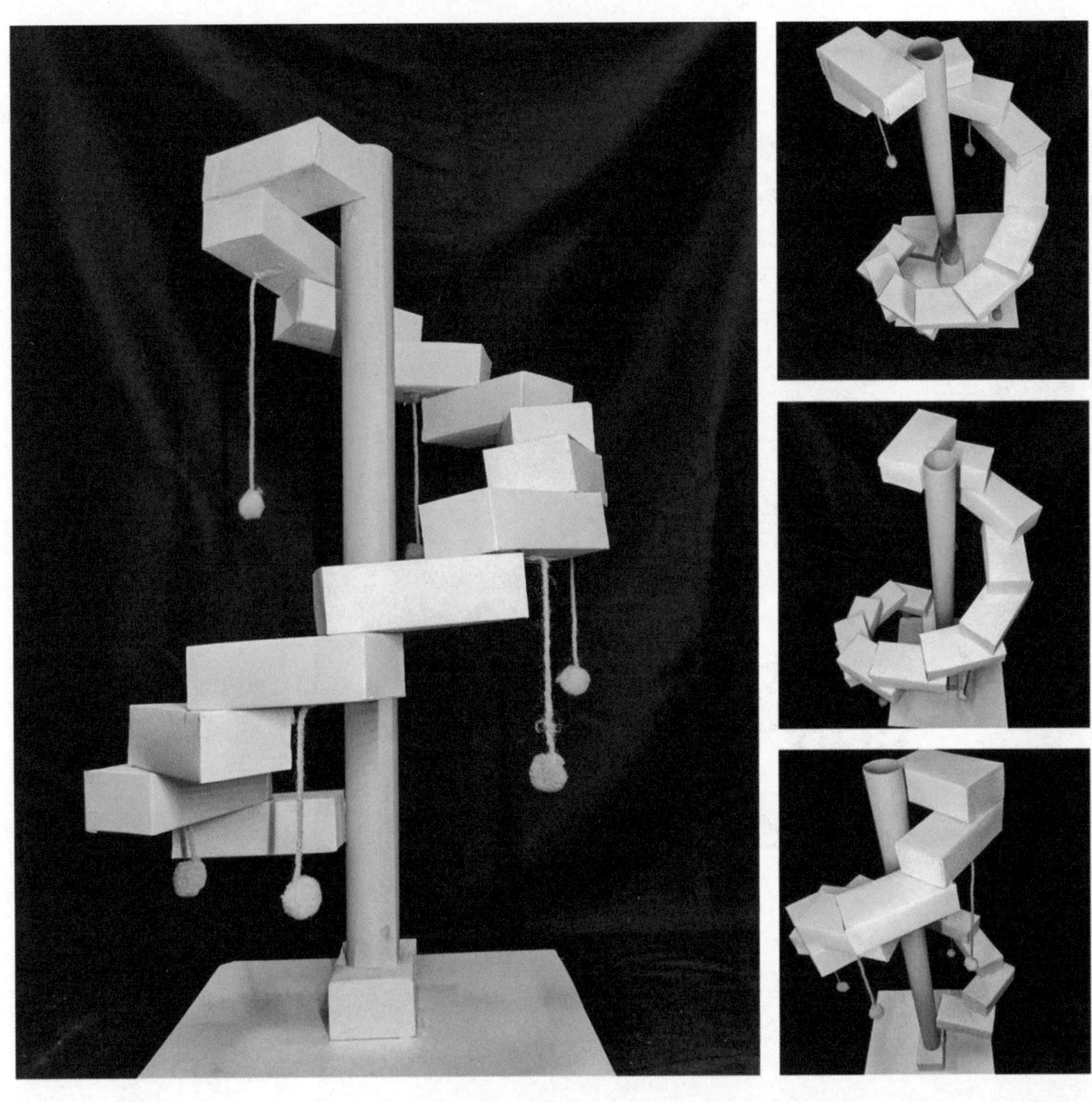

图 6-39　段落训练 21

(22) 训练22

作品的基本型灵感来源于中国传统蒲扇，以圆形折纸为基本型来进行繁殖变化，运用中国红加以装饰，用柱子在中间支撑，使整体有向上生长的感觉。整体上繁殖大小不一从而产生错落感，并且每个基本型颜色有深浅变化，在风吹过时，圆扇会跟着风有上下左右的摆动。(图6-40)

作品色彩上运用了中国红，古典又大气沉稳。色彩跟随造型变化而变化，使色彩不显得单调平庸。整体造型富有创造力和生命力，色彩运用大胆而又遵循规律。

图 6-40　段落训练 22

（23）训练23

此作品的设计理念是“永恒”，所使用的材料是PVC板和铁丝，造型上以圆为基本型，再对其进行有规律的切割以形成同心圆状，用钢丝连接不同大小的圆环，使圆环具有能动性，从而达到风能吹动的目的。再将连接好的形状作为基本型进行繁殖，形成这个作品。当风吹动时圆环会转动，给人一种永恒的感觉。(图6-41)

作品色彩为白色，整体空间为黑色，黑白对比强烈，能够突出作品。整体造型上圆环的设计排列焕然一新，色彩上黑白分明，空间对比强烈。

图 6-41 段落训练 23

（24）训练24

本设计作品表达的主题是静谧，这不是一种完全没有声音的安静，而是一种风吹过时筷子制成的窗格轻轻飘动，时而碰撞发出清脆的声音，从而营造出静谧的氛围。单位型是以方框架子挂上网格进行繁殖，从前往后小、大、分裂，再稍微放大，形成一种层峦叠嶂的层次，但又不失主次之分。运用形状的对比突出主次，最后保留筷子本身的原木色，有一种古朴淡雅的美。（图6-42）

作品在色彩上保留了筷子的原始色彩原木色，有种简单率真的无忧无虑感。整个空间造型略显粗糙，色彩过于单一，但是氛围感营造得很有风格。

图 6-42　段落训练 24

（25）训练25

此作品的名称叫《坚强的泡沫》。一般意义上的泡沫是脆弱的、轻盈的、柔软的，此作品却是想表达泡沫坚强的一面，泡沫随风舞动，坚强无畏地飘向海阔天空。风来了，泡沫翩翩起舞，在制作上采用细线连接达到飘浮效果；风停了，泡沫肆意堆积。选择用木条构建的方体打造堆积场所，以比例不一的方和球达到最终的多样统一。（图6-43）

图 6-43　段落训练 25

此作品的造型运用了木枝作为骨架，细丝作为连接物，在制作上手工精细。整体造型空间感强烈，色彩简单而又协调，作品的动态感较强。

（26）训练26

整体空间：此作品的基本型是一个带有凹槽的三角形加圆柱体，整体用高度的错落形成起伏的造型，赋予作品生长的感觉，作品中用到绿色和棕色为大自然的颜色，透露出此作品的生机，高低的变化从四维时间上表现出生长从低到递进的变化，在清风吹过时上方所有的三角形就会以圆柱上铁丝的支点开始有规律的晃动，风强劲时单个三角形就会开始旋转，随着风开始舞动起来。（图6-44）

此作品制作精细，没有过多的瑕疵，空间起伏感强烈。整体造型上空间元素简单明了，排列组合上动态线明显，视觉效果上韵律十足。

图 6-44　段落训练 26

（27）训练27

此作品的基本型是由羽毛的连接繁殖而成，高低起伏，以马卡龙色系的羽毛营造一种梦幻的感觉。有风的时候羽毛便会随着风舞动，让人感觉仿佛置身梦境。此种方法为空间的象征性手法，如采用颜色变化的羽毛，使空间变得魔幻，赋予了空间很强的仪式感。（图6-45）

作品规整有序，优雅端庄，整体建筑格局具有对称性。采用方形的空间结构，结实且结构分明。整体空间简洁却不呆板，视觉效果明显，视觉韵律丰富。

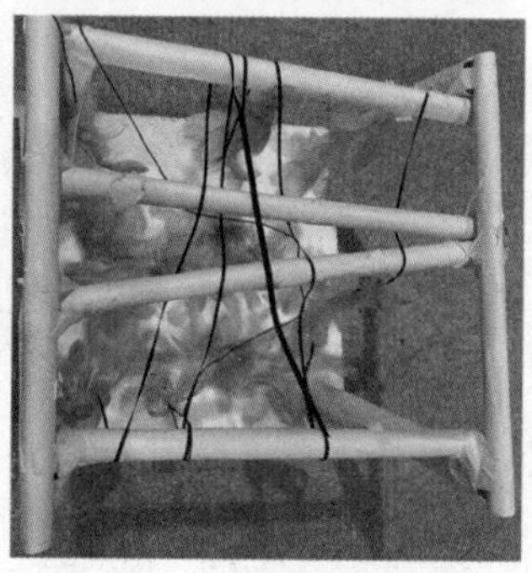

图 6-45　段落训练 27

（28）训练28

此作品用PVC长条板弯曲组合形成一个聚拢的镂空的虚拟空间，用铝合金铁丝在外围包裹着部分空间，表现一种既束缚又有点膨胀的感觉。空间里吊挂着圆形基本型的繁殖体，形成错落有致、大小不一的空间状态。此种方法为空间的协调性手法，赋予了空间很强的统一感。（图6-46）

作品采用旋转重复等设计手法，动态感出众。整体造型较为简单，层次、细节部分不足。有一定的视觉韵律感、动感。整体空间造型单薄，对比、协调等方面考虑不周，还有待改进。

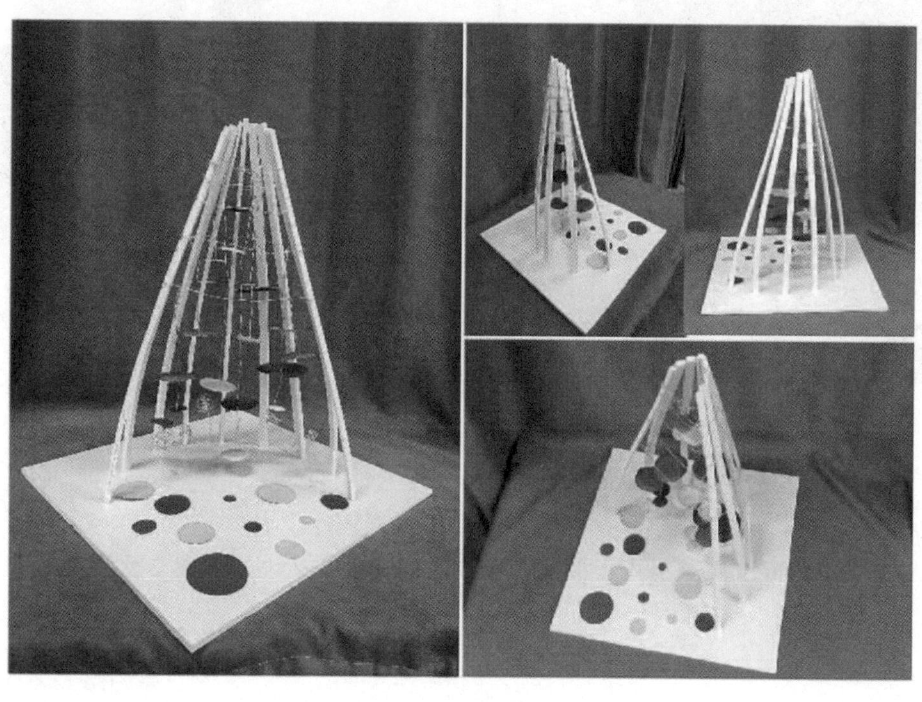

图 6-46　段落训练 28

（29）训练29

此作品基本型是菱形的立方体和圆柱体，通过两个基本型的繁衍和大小变化构成整体造型。作品整体呈现出一种类似铁塔的造型，却又没有那般坚固的外表，给人一种灵动飘逸的感觉，仿佛是要随风起舞。（图6–47）

作品中的每个立方体都用线连接起来，穿梭在圆柱体组成的框架中，使它们成为一个整体，风吹过以后牵一发而动全身，整个作品都会随风摇曳起来，随风而舞动。此作品的设计十分具有想法，造型上巧妙精细，动态十足。但是色彩上过于单一，还有上升空间。

图 6–47　段落训练 29

（30）训练30

作品是由三个大小不同的三角形作为框架，并以对羽毛进行仿生的基本型进行繁殖。一大一小两个三角形上下相对而立构成沙漏形态，代表着时间轴，而作品的基本型代表着人，表达着人在时间中起起伏伏。随着时间的流逝人的人生也会随之变化，就如同基本型一样，随着时间之风的吹来而随风起舞。（图6–48）

作品利用空间尺度营造心理差异，让原本三角形变得更高级，视觉韵律丰富。结构线条尺度宏大，无形中增加了时尚精致的感觉。整体空间时尚精致，气势宏大，视觉韵律丰富，时尚风格明显。

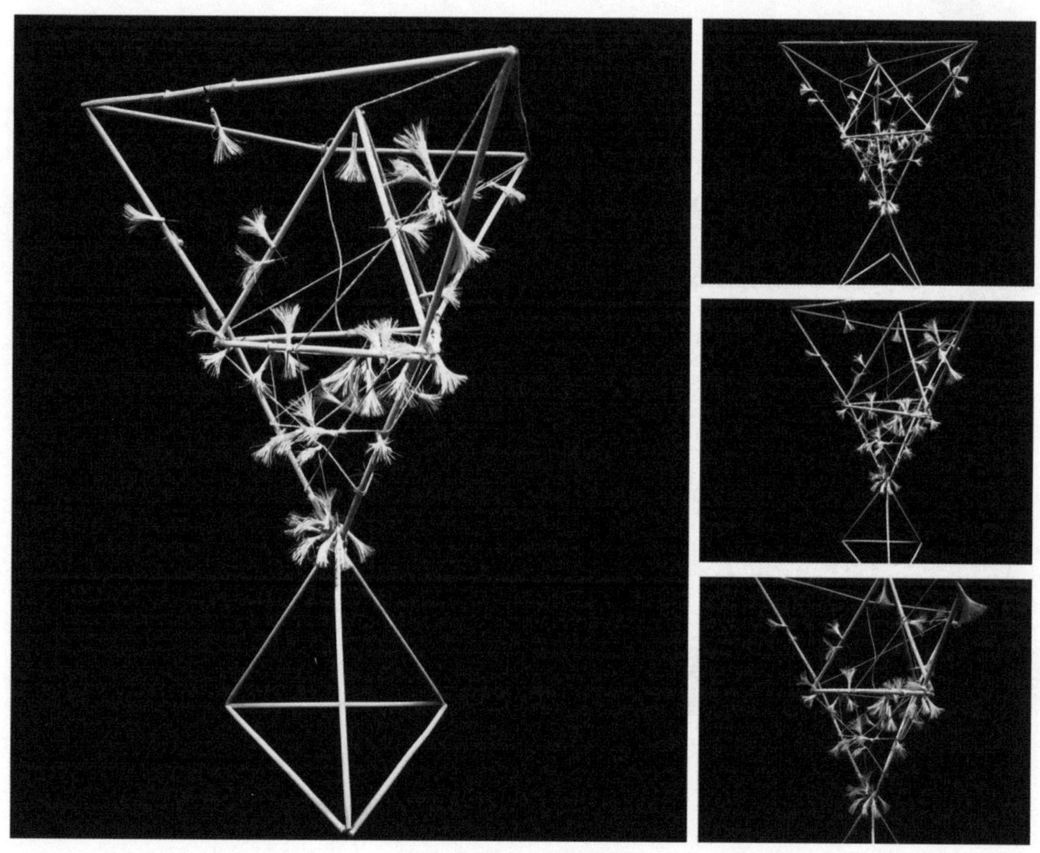

图 6-48　段落训练 30

第七章　展示空间思维之调研与主题

本章针对设计调研的方式方法进行讲解和训练指导，通过设计综合型主题训练考查学生空间思维的整体和细节把控能力，通过学生主题训练作品的解析指出空间思维创造的“慧眼”所在。

第一节　展示空间思维训练之调查研究

1. 调研概述

(1) 调研目的

调研是有意识、有目的地深入社会第一线，通过观察、搜集、整理、分析等一系列方法，对过程中发现的情况、问题、经验进行探索和研究的过程。在过程结束后，通过书面的文字、图片等形式进行记录与总结，形成调研报告，其目的是将调查活动的过程、结果、建议以及其他信息传递给相关人员。

(2) 调研准备阶段

调研准备阶段需要明确调研目的，选择合适的调研方法，设计明确可行的调研方案，确定合适的调研时间，选取合适的调研地点和调研对象，准备调研所需的各类辅助器材，为调研实施做好准备。

(3) 调研实施阶段

调研实施阶段是依照调研方案，按照选定的时间、地点、对象进行方案执行的阶段。这一阶段一方面要求调研实施人员进行主观的视、听等方面的观察与感受，一方面借助相应设备与工具进行机器记录。该阶段应避免主观想象，力求准确地反映客观事实，一切材料均出之有据，为分析与总结做好准备。

(4) 调研总结阶段

调研总结阶段包含调研分析与调研报告撰写两部分。调研实施阶段所获取的各类信息与数据大多是分散、零星甚至是不准确的，故首先需要对调研实施过程采集到的各项资料与数据进行分类与整理，使之形成系统、规范、客观的资料。在这一步的基础之上，需要对数据进行分析，描述和推断各项特征，发掘其中的规律，揭示其中的关系，以解释其中的客观现象。

通过调查得来的事实材料说明问题，用事实材料阐明观点，揭示出规律性的东西，引出符合客观实际的结论。之后，进行调研报告的撰写，使调研所得的成果形成书面的汇报材料，提出结论性总结及建议。

2. 调研报告的撰写

常见的调研报告一般由三部分组成，分别是前言、主体和结尾。

(1) 前言

前言部分应简要地叙述为什么对这个问题（工作、事件、人物）进行调查，期望取得什么调研成果，即调研的目的和目标。

(2) 主体

主体部分首先需要对调研的实施阶段进行基本概述，包括调查的时间、地点、对象、范围、经过等；其次需要对调研实施阶段所获得的各类信息与数据进行描述，包括调研人员主观的视、听等方面的观察与感受，以及调研中相应设备与机器记录的信息数据，此部分应做到尽可能客观真实；之后进入调研分析部分，对调研获取的数据进行分析，推断各项特征，发掘其中的规律，揭示其中的关系，以解释其中的客观现象。应该做到先后有序，主次分明，详略得当，联系紧密，层层深入。

(3) 结尾

此部分对调研报告归纳说明，总结分析结果，提出主要观点，启发人们进一步去探索；写出存在的优点及长处，以及问题和不足，说明今后借鉴之处。

3. 调研案例

(1) 2016北京国际金融博览会

2016北京国际金融博览会于2016年10月27—30日在北京展览馆举办。在进入展会之前，需要明确调研目的，了解背景资料，设计明确可行的调研方案，确定合适的调研时间，选取合适的调研地点和调研对象，准备调研所需的各类辅助器材，为调研实施做好准备。(图7-1)

图 7-1　2016 北京国际金融博览会

进入调研场所，应首先获取场馆内的平面布置图，一方面方便调研活动的开展，另一方面为后期分析保存资料。(图7-2)

在调研实施阶段，需要根据调研目标，着重采集相应对象的空间布局、立面构成、细部

造型等进行主观的视、听等方面的观察与感受，同时借助相应的设备与工具进行机器记录。（图7-3至图7-5）

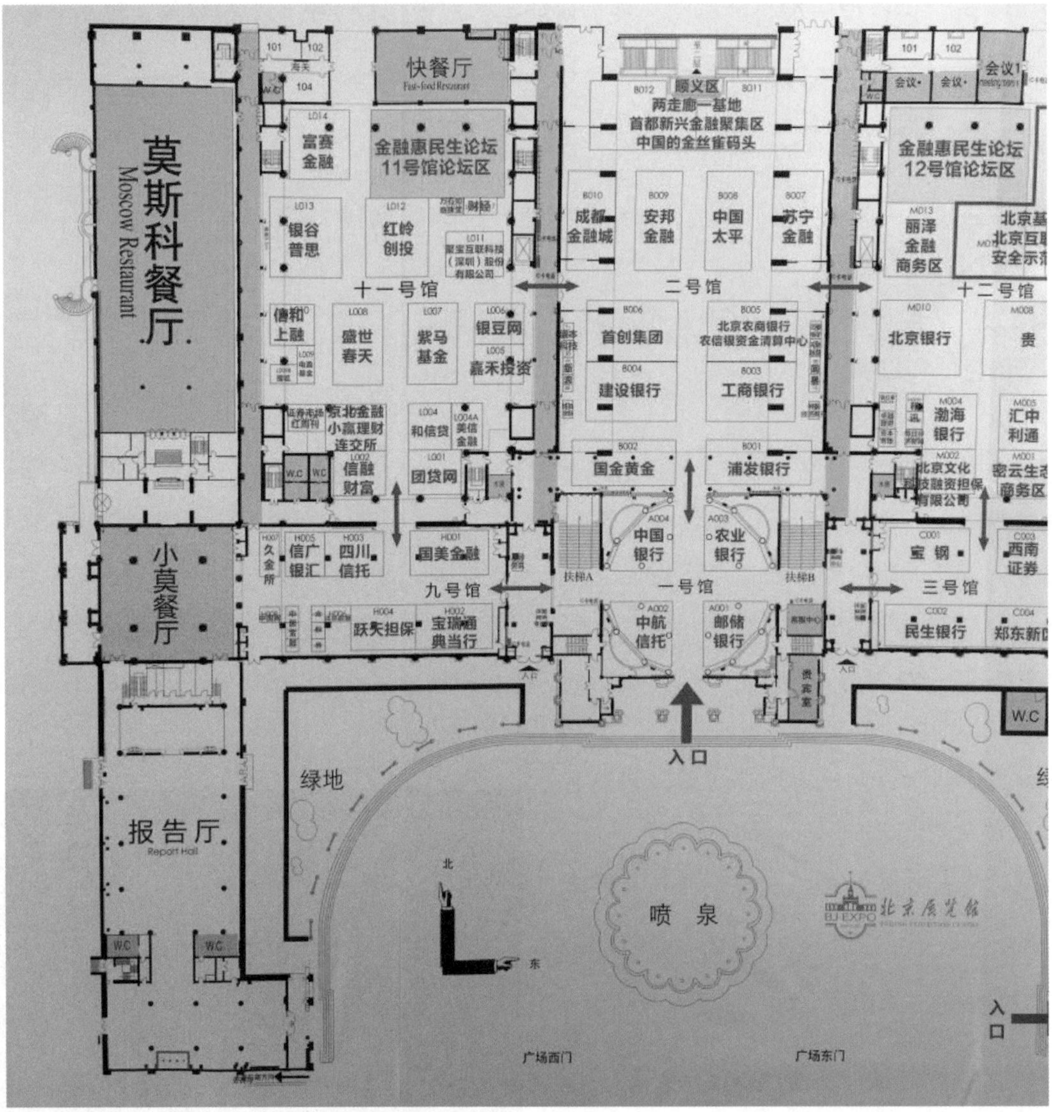

图 7-2　平面布置图

图 7-3　A 展位立面

图 7-4　B 展位立面

图 7-5　细部造型

在调研实施阶段完成后，即进入调研总结阶段，描述和分析调研活动中获取的各项特征，并撰写调研报告，进行书面记录。(图7-6)

此图为南方公司会展空间的外部，该会展在外部一角开辟出一个小空间，顶部在方形的基础上开辟出一个三角形的镂空区域，整个小空间形成一个虚的三棱柱形态，用以作咨询台或宣传的设计。该小空间依靠整体大的空间会展，从整体中开辟出来，又与整个大的空间密不可分。相较于整个大的方形空间，这个小空间就是这个大的空间另辟出来的一个虚的空间，既显得规整，又不会在视觉上显得是强硬抽离出来的。两者实与虚的相互交叉，让参观者对于该空间一目了然。

图 7-6　调研报告

(2) 亳州展位调研报告

该调研报告对调研对象进行了一定的描述，但描述较为简单，同时对亳州市的一些代表性的东西进行了描述，但对于整体展示空间的平面立面空间关系、造型元素缺乏描述，同时也缺乏必要的分析。(图7–7)

此图为亳州展位的正面全局图，利用LED屏幕和音响作用带给游览的人群更生动的体验，将形、色、光、声等外形因素按一定的规律组合起来，表现展位的形式美。亳州市以中药材闻名，是世界中医药之都，所以展厅围绕药材和古井贡酒展开介绍。亳州市的市花为芍花，如图所示展厅充斥着芍花的元素，从中心牌匾过渡到四周广告牌衔接恰当，元素统一，给人和谐的节奏韵律。

图 7–7　亳州展位调研报告

第二节　展示空间思维之主题训练

1. 主题训练

题目：围绕展示空间的专业方向，选择商业展示、文教展示、独立展示、网络展示、舞台美术、商品发布会、户外主题策划会、婚庆策划会等主题的展厅进行创作。

要求：

① 作品独立完成，场地平面面积不少于300平方米，不宜超过800平方米，设计时注重空间的构思和表达，注意作品的创新度与完成度。

② 鼓励创新、打破常规，形成富有韵味的创意展示空间，能给参与者带来较好的视觉体验。

③ 作品提供展板1张，内容包括：所有角度整体彩色效果图、局部细节图（含展柜、展台、家具、陈设、搭建、结构、灯光等）、平面媒体设计图、功能分区图、施工尺寸图若干，以及必要的设计说明。

2. 训练与解析

(1) 儿童游戏血液科普馆

该作品通过娴熟的材料运用、精准的空间尺度拿捏以及空间互动的游戏体验，重塑现代血液科普馆的空间设计，包括“互动”血液科普空间设计的整体风格、血液科普馆的空间结构和功能分区、血液科普馆中互动道具的排列方式等。(图7–8)

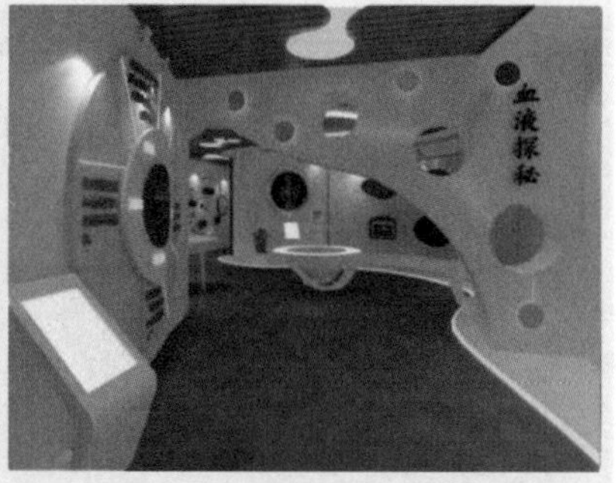

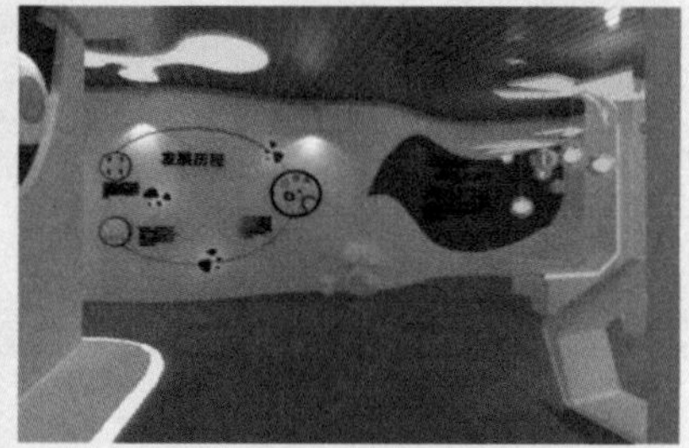

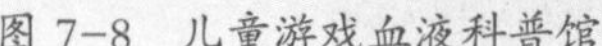
图 7-8　儿童游戏血液科普馆

(2) 办公家具特装展

该作品颜色搭配主要以白色和玉绿色为主，材质主要使用白色和玉绿色乳胶漆以及木质纹理。简单干净的配色不仅与空间氛围和谐统一，还能更好地衬托出展示主体物。该方案设计创新点在于无论是展示区域、洽谈区域还是接待区域，都具备体验功能，让客户直接接触产品，感受产品的质感和细节处理，还原真实自然健康的办公洽谈休闲区。(图7-9)

图 7-9　办公家具特装展

(3) 灯饰展示空间设计

该作品从品牌的文化理念入手，向消费者传达它给人带来的是一种什么样的精神世界。作品提取了星座元素，它寓意着世界的美好，星座中的点折射出光线，也正符合品牌LOGO的形象。作品采用黑、白、灰为主要颜色，目的是突出星座以及整个宇宙给人带来的神秘感。合理地使用元素以及空间造型，让整个空间充满视觉冲击，用来满足展示空间中用户完美的体验需求。(图7-10)

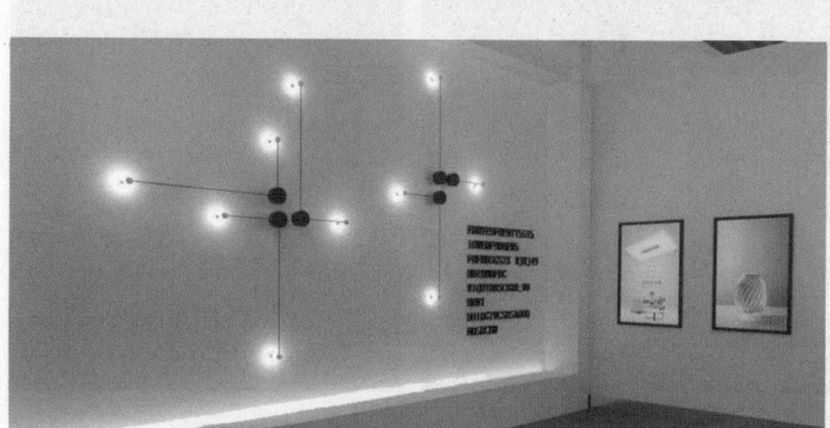

图 7-10　灯饰展示空间设计

（4）文房四宝展展厅设计

设计文房四宝展展厅，是为了宣扬文房四宝文化，将徽州文化传播得更广泛。该作品外形上结合文房四宝中提取的元素进行变形和应用，外形的独特更能吸引眼球。空间四面开口，较为通透，改变了原始展厅内封闭黑暗的室内环境。该作品色彩上有红色的点缀，历史文化用红色有一定的革命感，也暗喻了传统工艺想要永久传承下去的美好愿望。（图7-11）

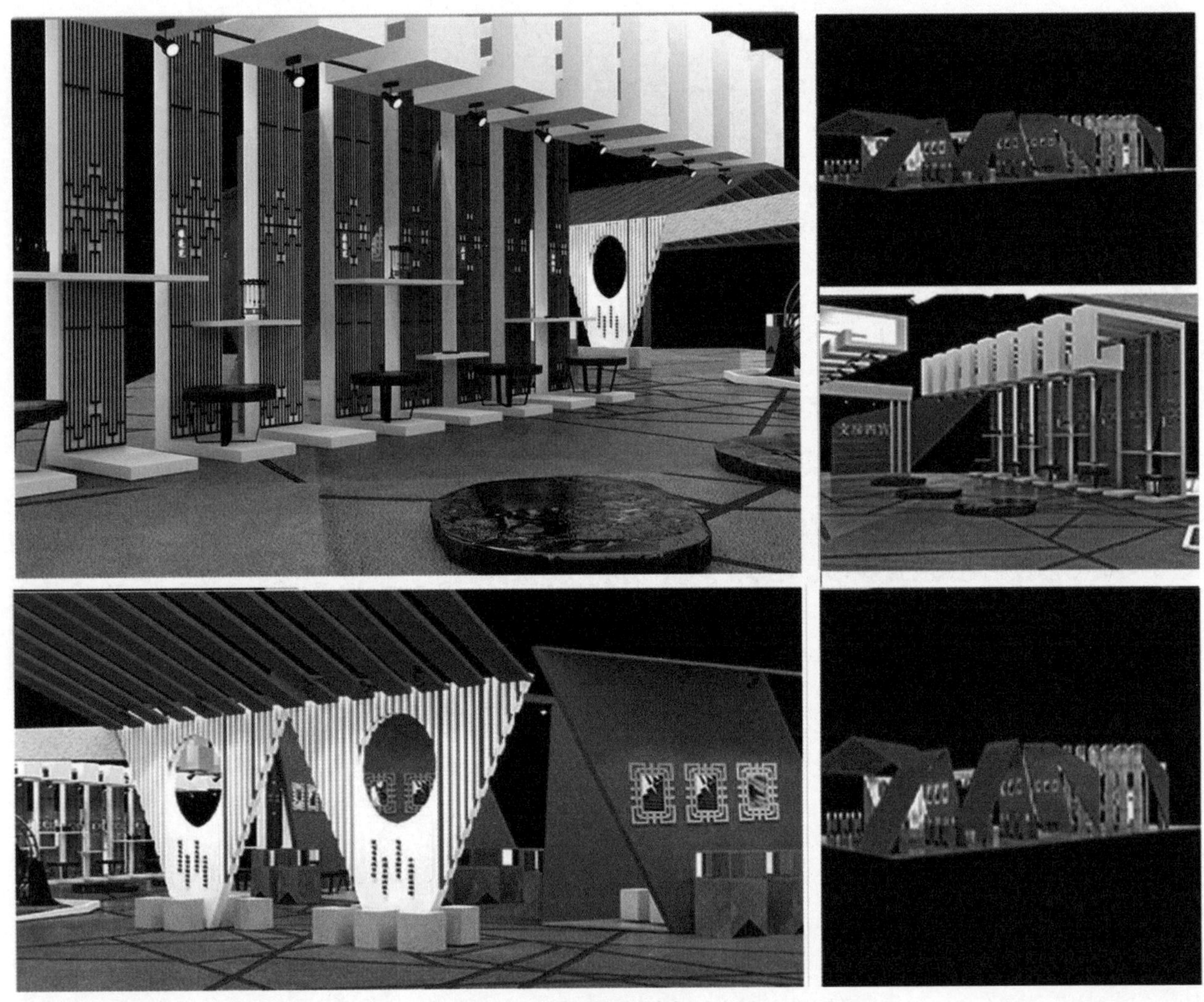

图 7-11　文房四宝展展厅设计

（5）服装展示空间设计

该作品整体空间设计以弧形元素为基础，然后进行拉伸与变形，最终使整体空间营造出一种相对和谐的感觉。在展示区的设计上，有展墙展示区、组合式展台展示区、展架式展示区等多种展示形式。通过精心设计的陈列布局与灯光等元素的氛围烘托，可以刺激消费者的购买欲望。（图7-12）

（6）阅读空间展厅设计

该作品通过斜线的交错，从而分割出一些造型，把这些造型利用到平面图和立面造型上。特色：该空间共分为五个区域，分别是文创产品展区、品牌文化展区，收银台、作品交流区以及图书展区。元素：整体空间颜色以白色、灰色和黄色为主，白色和灰色主要用于大的立面和地面的颜色。总结：框架结构既起到装饰作用，又不阻碍视线；有的是做了凹陷处理，做凹陷处理的部分用灯带，可以起到更好的效果。（图7-13）

图 7-12　服装展示空间设计

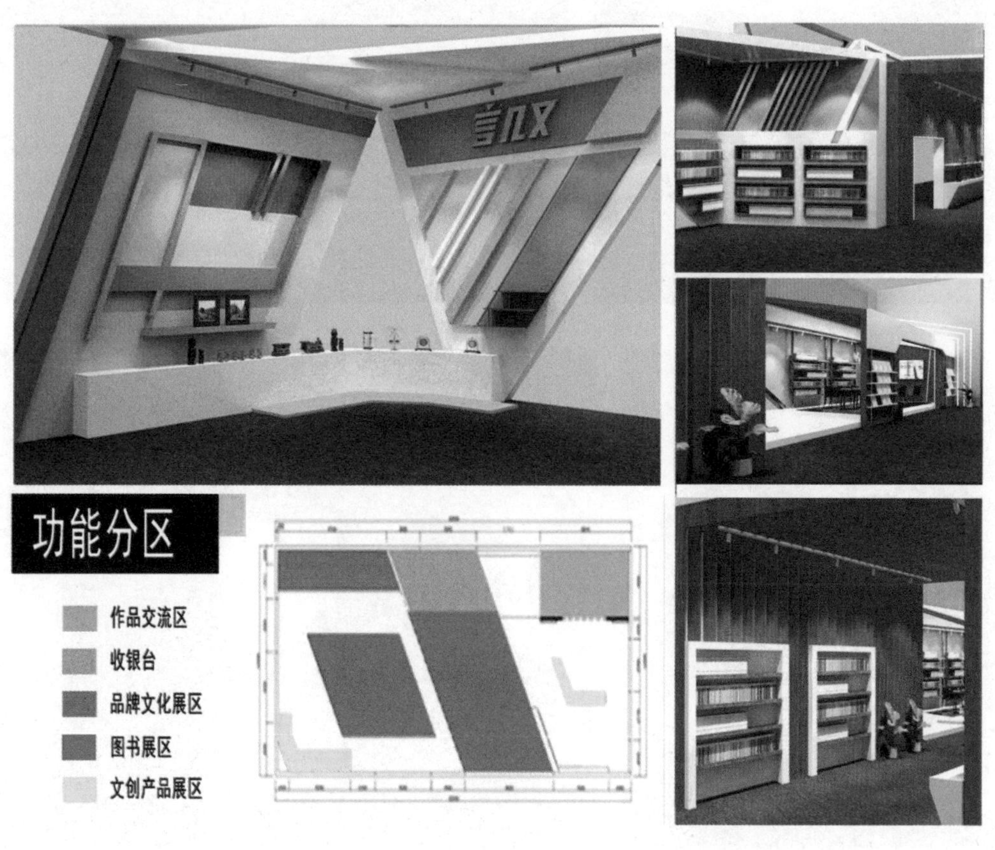

图 7-13　阅读空间展厅设计

（7）砀山县人民检察院院史陈列馆设计

该作品是一个文化展厅设计案例，主要展示廉政文化。采用标准色蓝灰色，不同区域的内容物穿透整个空间，而红色在蓝色中跳跃，与黄色暖光源相得益彰，冷暖搭配和谐得体。蓝色的基色在严肃的时候看起来很庄重，但在搭配上利用设计手法加以温暖的光芒辅助，整体的气氛感觉又活跃起来了。该作品塑造了各部分的极致氛围美感，利用过渡与衔接手法巧妙构建，使得整体气氛庄严肃穆却不失温暖。（图7–14）

图 7–14　砀山县人民检察院院史陈列馆设计

（8）消费文化语境下喜品商业空间展示的创新设计

该作品是一个商业空间展示设计案例，主要展示售卖喜品。该作品提取人们潜意识内的“家”的抽象符号，与展示道具的空间形态房子的造型相结合，给人一种家的直观感受，搭配主题色，视觉效果强烈。根据功能分区的不同转换形式，统一风格，体现企业核心价值。该作品塑造了各部分的极致氛围美感，利用色彩与空间的巧妙搭配，使得整体气氛庄温馨和睦，象征美好。(图7-15)

图 7-15　消费文化语境下喜品商业空间展示的创新设计

（9）幼儿园科技馆展厅设计

该作品为幼儿园内的科学馆展厅。该科学馆主要的色调为清新的绿色。浅绿色为儿童活动区，明快的颜色让孩子们更加有活力；深绿色则是展厅部分，可以让孩子们稳下心观看展览；最后再搭配点状和块状的暖色调呼应整个科学馆。每一个空间都通过颜色来协调，每一个空间的颜色都在主调之下有所区别，让孩子们可以通过色彩来轻松地辨别不同的空间。在内部的空间上，考虑的是动静结合以及私密和开放性，以方体和玻璃墙体的结合，形成了半透明的通透感。泳池区和活动区比较开放，所以注重了与外界的紧密联系。展厅的部分较为隐秘，所以放在科学馆的中部，同时也承担了沟通泳池区和活动区以及故事区外部空间的连接。(图7-16)

图 7-16　幼儿园科技馆展厅设计

（10）现代书店空间的黑白灰展示设计

作品采用了大量的深色书架与黑色的吊顶，在地面和墙面的色彩运用上则使用了淡黄色和白色。黑与白的交融，让整个空间具有很强的现代感，在形成对比的同时也让空间中的色调协调统一，显得十分和谐，使读者在拥有全新体验的同时与空间之间的互动和关系更加密切。整个书店的展示空间更加有一种不同的意境，让人在休闲的同时更好地放松身心，更具有现代的档次。相较于传统的书店空间采用了新想法、新元素，使整个展示空间更加地突出与“黑白灰”相呼应的时尚元素，让书店展示空间突破传统设计的禁锢，拥有另一种时尚的感觉与意境，富有意义。（图7-17）

图 7-17　现代书店空间的黑白灰展示设计

（11）北汽福田卡车品牌展厅设计

此次的福田卡车展厅设计放弃了因受卡车尺寸及消费人群限制而忽略设计的传统卡车展示方式，将空间划分为简洁的主展区、企业文化展区及多媒体交互区，利用造型隔墙与错层分隔区城。通过顶部造型设计，突出卡车的沉重感、力量感。合理地运用蓝色灯光，营造科技感，渲染展厅的氛围，增强展品的层次，利用多维度的展示方式，全方位地展现卡车。（图7-18）

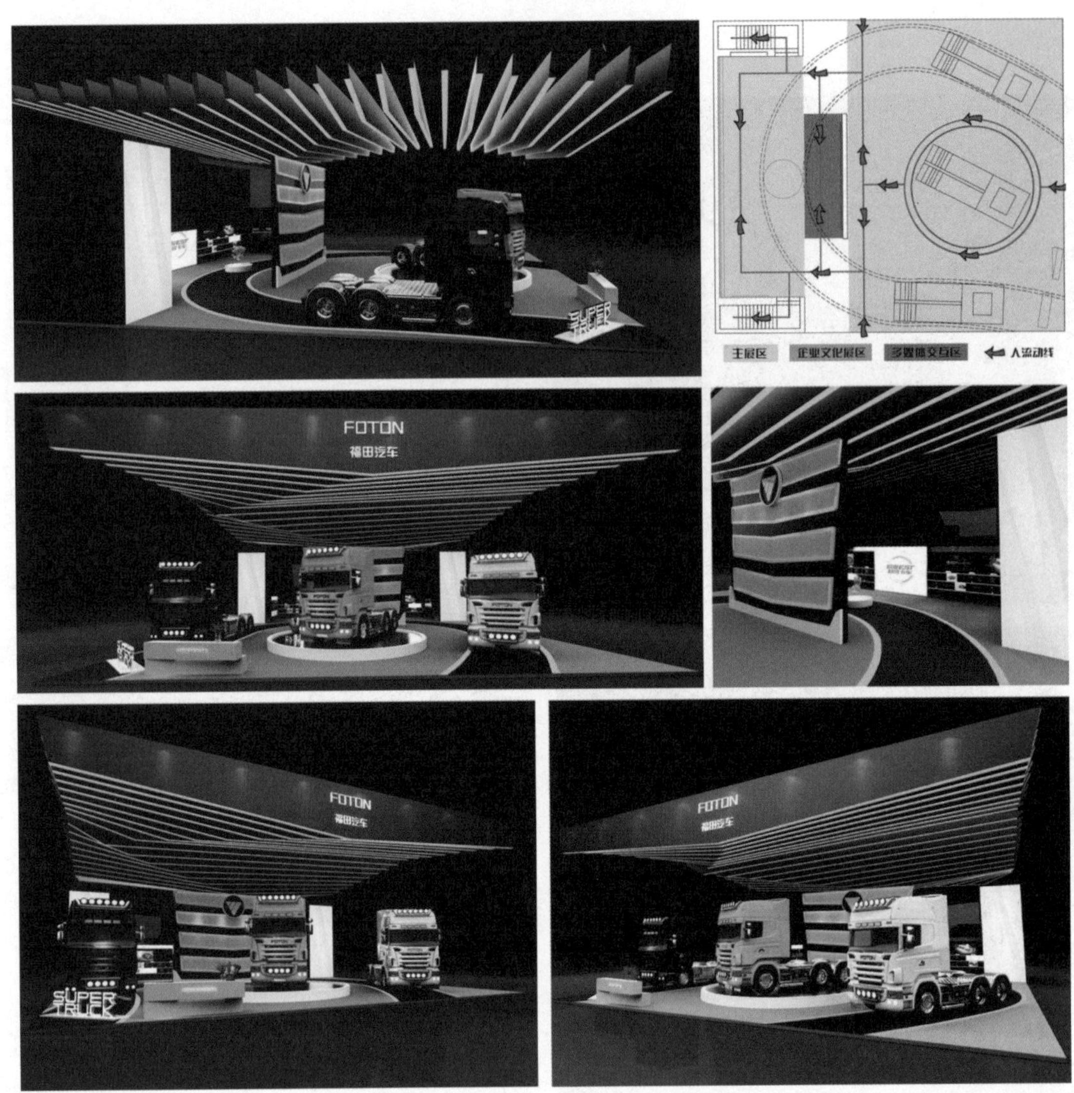

图 7-18　北汽福田卡车品牌展厅设计

（12）五菱汽车新能源特装展设计

该作品是一个特装展厅设计案例，主要展示五菱汽车产品及其新能源理念。该作品主题是绿色出行，低碳环保，性价比高，价格亲民。展馆外观设计灵感来自五菱LOGO，由五颗明亮的红色钻石组成。轻微的曲线打破了直线的“硬度”，利用抽象的菱形划分空间，分为服务区、休息区、发布区以及展示区等。通过连接地板和天花板，可以扩大空间跨度，简化外观，符合公司“简约”的理念。采用高低层次、厚度、角度，丰富造型内容，既简单又不失内涵。空间色彩以灰色为主，辅以暗红色，内敛而沉稳。作品整体空间设计简约沉稳，朴实无华，低碳出行从我做起。（图7-19）

（13）公共交通安全科普展厅设计

该作品主要展示公共交通安全知识。展厅的整体空间以齿轮、交通线提取的圆弧和直线为主要元素，弧形造型流畅不生硬，亲和力强，用直线则有严肃冷静的感觉，并呼应交通安全的主题。因此，圆弧和直线在整体空间的平面划分和内部造型上的运用，丰富了空间层次。作品空间主要是蓝白相间的颜色，蓝色有着平静和冷静的视觉心理感受，点缀的颜色主要是日常交通中常见的黄色和红色，加上大量的白色中和使空间简单明亮，并营造出安静的气氛。（图7-20）

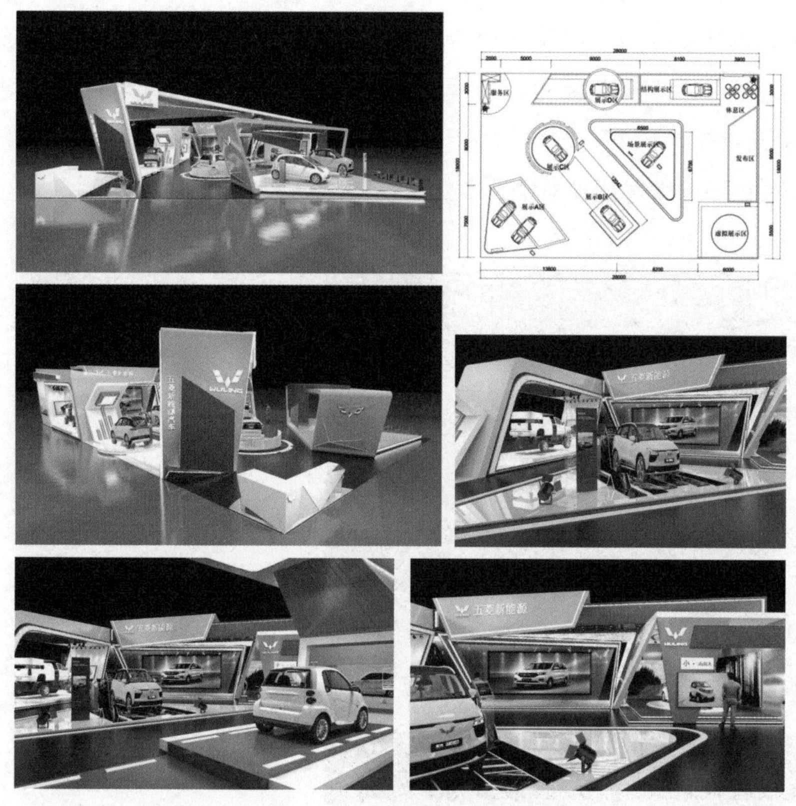

图 7-19　五菱汽车新能源特装展设计

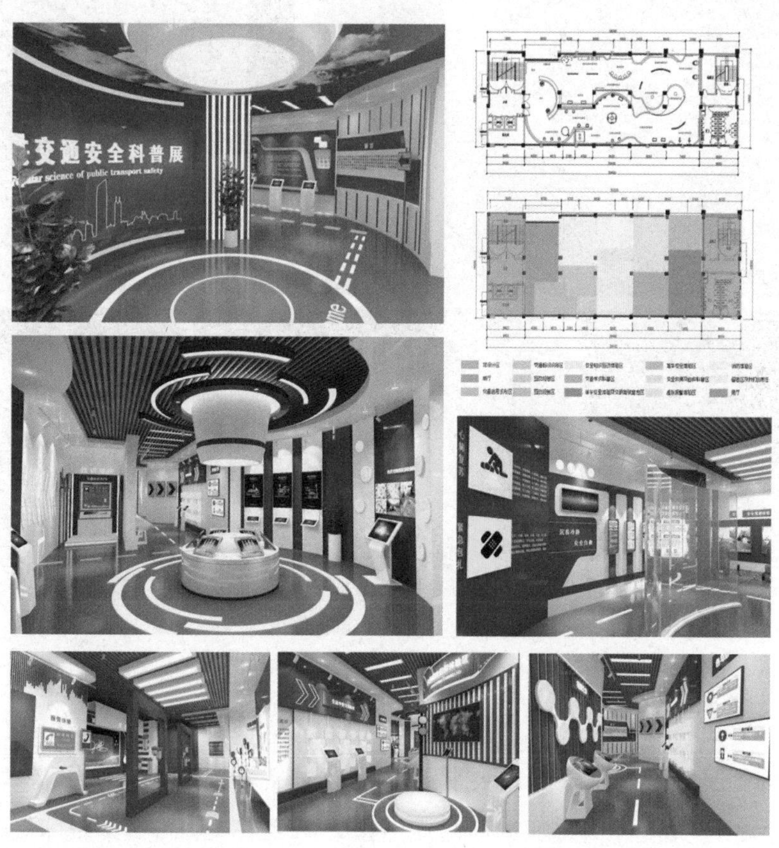

图 7-20　公共交通安全科普展厅设计

（14）同萌会——宠物品牌特装展设计

这是一个特装展厅设计案例，主要展示宠物品牌同萌会。作品LOGO墙造型崭新，LOGO以灯箱的形式连接在LED屏幕上，有一种从屏幕中跳出的感觉，十分突出，让人耳目一新。展厅中的其他位置也有许多由LOGO转化而来的小图标，包括展墙上的边角。让产品LOGO充满展厅，也是让展厅更加整体。该作品色彩搭配合理，元素提取重新构建有趣，符合用户体验。（图7–21）

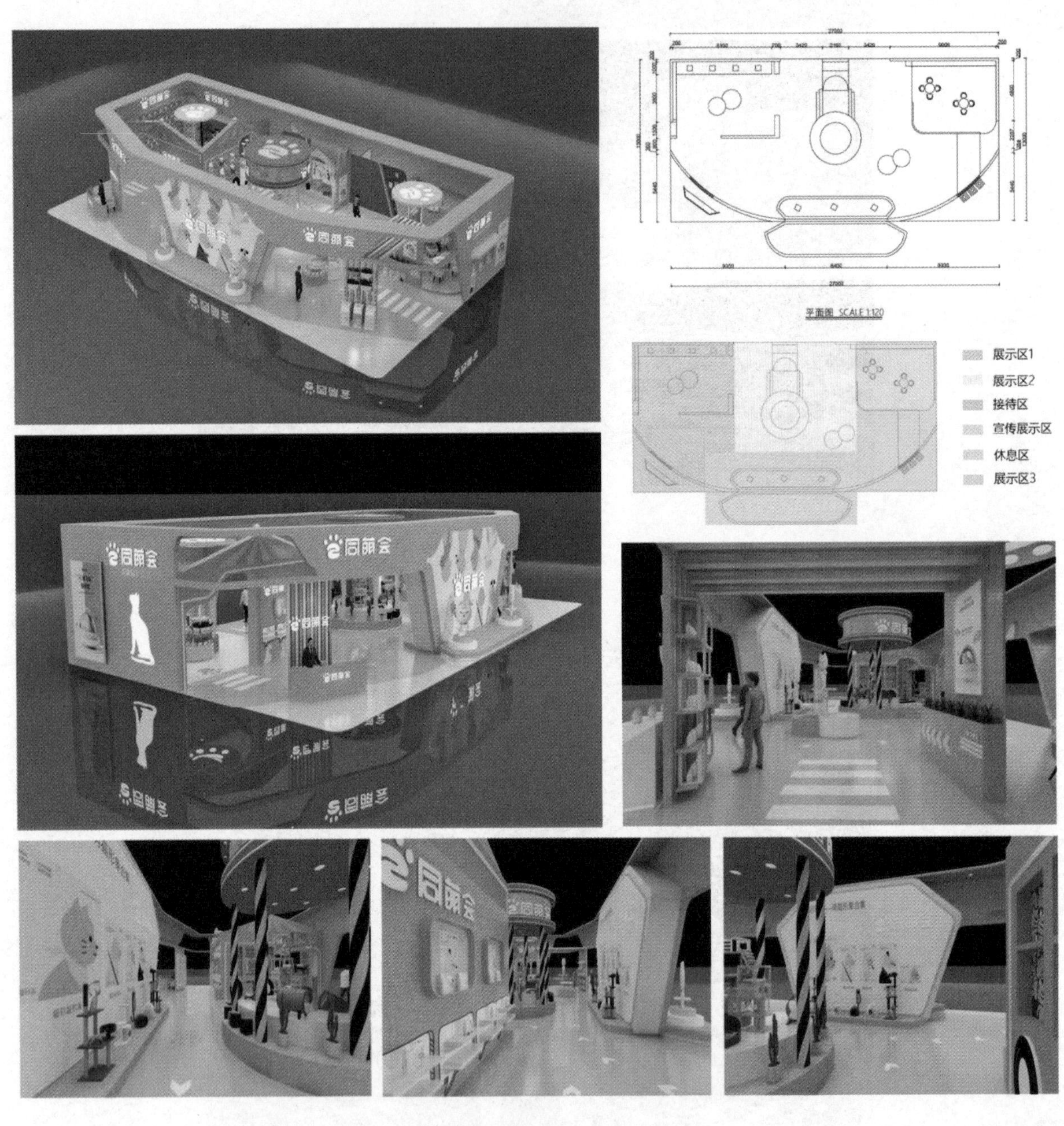

图 7–21　同萌会——宠物品牌特装展设计

（15）欧瑞博智能家居展厅设计

该作品是一个商业展厅设计案例，主要展示智能家居品牌欧瑞博。根据基本元素弧线演变成展厅的主要造型，展厅的门头设计为叠加的半圆弧造型，并且在叠加中运用内槽线条灯突出造型。展厅内部空间通过展墙分割成不同的区域，包括信息展示区、产品介绍区、体验区等，展厅中心为新品发布区，整个展厅将体验与智能相结合，以黄色、木色、黑色的搭配，打造出智能家居的体验感。该作品呈现出未来科技、仪式感的视觉效果，与欧瑞博智能家居的品牌文化相呼应。（图7-22）

图 7-22　欧瑞博智能家居展厅设计

（16）彭泽新华书店空间提升设计

该作品是彭泽新华书店空间的提升设计。在此空间提升设计中提出人性化的设计概念，针对空间分布来说更要注重人的情感方面与环境的互动，用朴实的设计语言来构建人与书之间的关系。整个空间运用原木为主要材质，用木材的自然原始肌理质感体现书店自然而富有生机的阅读环境特点，与人产生共鸣从而拉近与环境的距离。书店内部空间服务台区域木质背景墙及上方独特的书籍展示方式，作为装饰传递出空间内部展品的特性。白色线性的导向标识贯穿于整个空间的地面，与顶部的白色管道有所呼应。儿童区设计有圆有方，多变而有趣。内部墙面使用大量的水泥肌理漆进行涂饰，从而使原有平整的墙面增加肌理感，同时彰显出素材的本来面貌，表现出墙面的独特肌理。配上灯光交替设计使整个空间充满氛围，以此提升设计革新彭泽新华书店在大多数人们心中的陈旧、刻板的形象。（图7-23）

图 7-23　彭泽新华书店空间提升设计

（17）吉林大学校史馆科学馆设计

该作品是一个文化类展厅设计案例，主要展示吉林大学校史馆科学馆。在保证整体风格的前提下，通过对校史馆科学馆的空间形态、展陈方式、环境颜色以及灯光的设计，增加现代化的互动手段，并运用灵活空间的形式美法则，来反映各展示空间的时尚之美。黑色的整体色调能够给参观者留下深刻的印象，给人一种科学的神秘感，加上充满活力的橙色灯带，可以调动观众的积极性，让观众投入到展厅的探索之中，使观众在探索中获得知识，在学习中得到精神上的升华。（图7-24）

（18）橱柜展示空间设计

该作品将德国设计无缝融入中国人的生活，将包豪斯的现代主义设计形式与中国传统四合院布局相结合。此展示空间的设计凸显了德系橱柜的设计风格与时代先锋性，使其与传统家居类店铺有效地区分开来。与中国传统四合院格局十分类似，该展示空间在布局中利用了传统的中式布局思路。（图7-25）

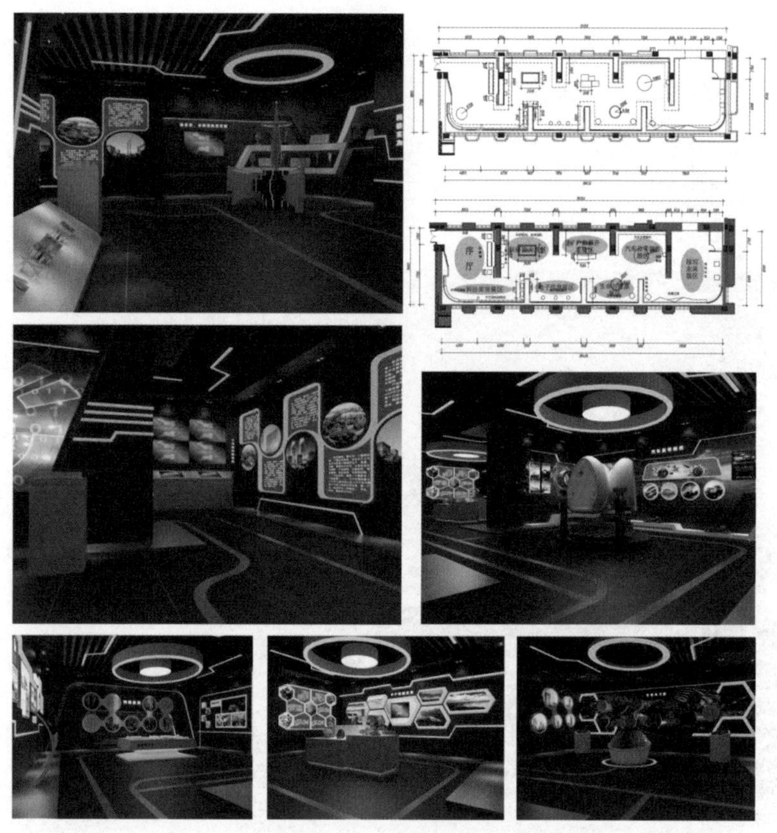

图 7-24　吉林大学校史馆科学馆设计

图 7-25　橱柜展示空间设计

（19）合肥留香阁画材店空间设计

当今社会，消费者的消费模式从以前单一的物质消费逐步转型成物质与精神并重的消费。本次设计着重于给顾客不一样的特殊体验，在满足空间功能的前提下，通过空间氛围的营造与一些互动体验的方式来尽量满足客户的精神需求。该作品区别于以往传统的商业空间，可以给顾客留下深刻的印象，以此来吸引顾客再次消费。（图7-26）

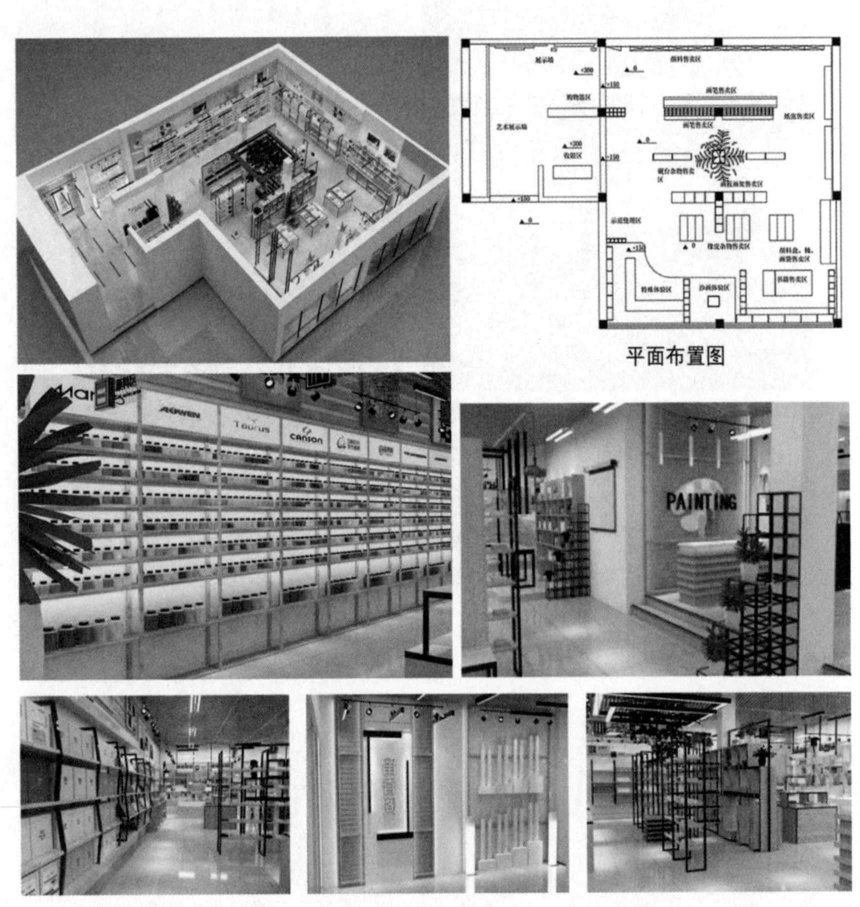

图 7-26　合肥留香阁画材店空间设计

（20）溥仪眼镜

溥仪眼镜定位于中高端人群，是眼镜行业的领先者。本案例中木材与色彩的碰撞，就像是传统与现代的碰撞。该作品用了现代简约的风格，展现出高端定制的定位。一楼主要以展示为主，展示精品太阳镜及精品眼镜。采用的展示方式主要是墙体展示，并以展示道具为辅，用灯光、色彩、材质展现现代简约的风格和高端定制的主旨。（图7-27）

（21）“19八3”文创集合店设计

此次的设计任务为一个220平方米的文创店铺设计。“19八3”文创集合店设计主要围绕“拒绝鱼翅·我承诺”这一主题，主要的色调为暖色调，以原木色、黑色、白色为主，蓝色为辅。它主要分为7个区域：个性原创区、个性名品区、动物长廊、音乐角、收银区、个性服饰饰品区、互动区。每一个区域都有自己的风格，在展示道具上做了一些小设计。门头的设计采用了鲨鱼的嘴巴造型；左边的橱窗以互动为主，大家可以坐下来休息，也可以和玩偶合影；顶部则采用了LOFT风格。（图7-28）

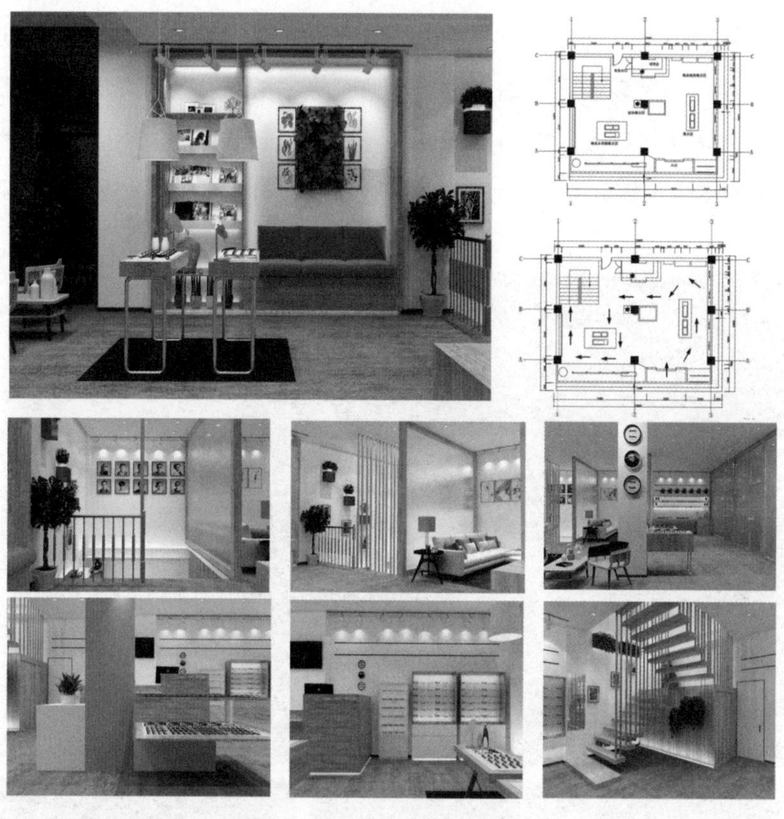

图 7-27　溥仪眼镜

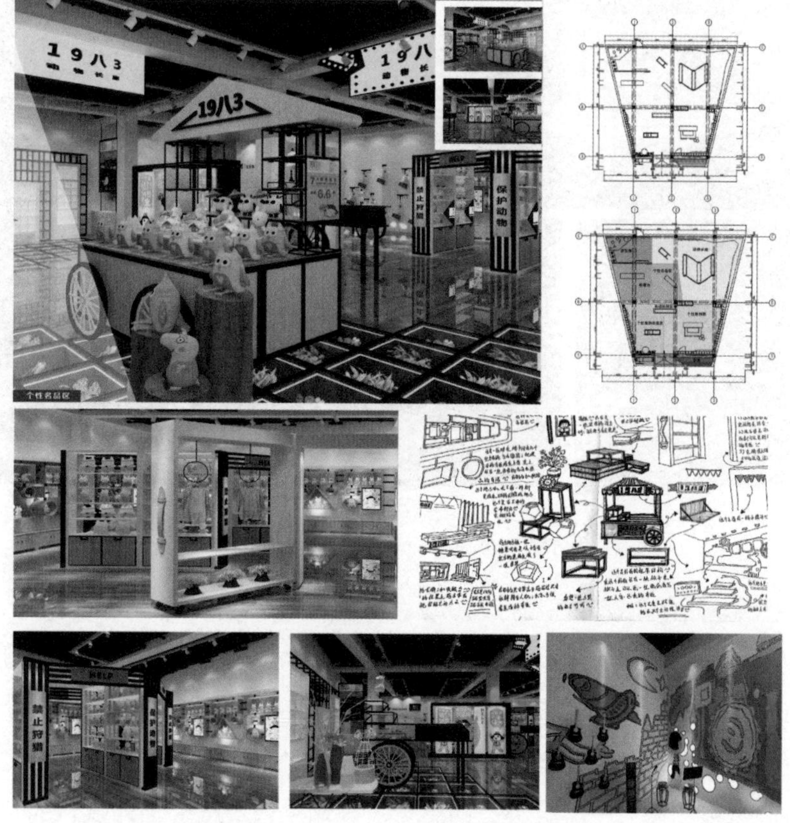

图 7-28　“19 八 3”文创集合店设计

（22）世纪天成ChinaJoy展厅设计

展厅整体灯光以蓝色调为主，营造科技感效果。灯光的效果主要集中在主舞台部分，舞台的主要作用是为玩家进行互动游戏和舞台表演等活动提供场地，灯光的效果为互助表演提供了更加强烈的视觉冲击。舞台上方左右两侧为体验休息区，内部同样设有电脑和LED显示屏。相对于舞台正前方左右两侧的互动体验区而言，二楼的体验区更具有私密性，为专业玩家提供便利的体验场所。（图7-29）

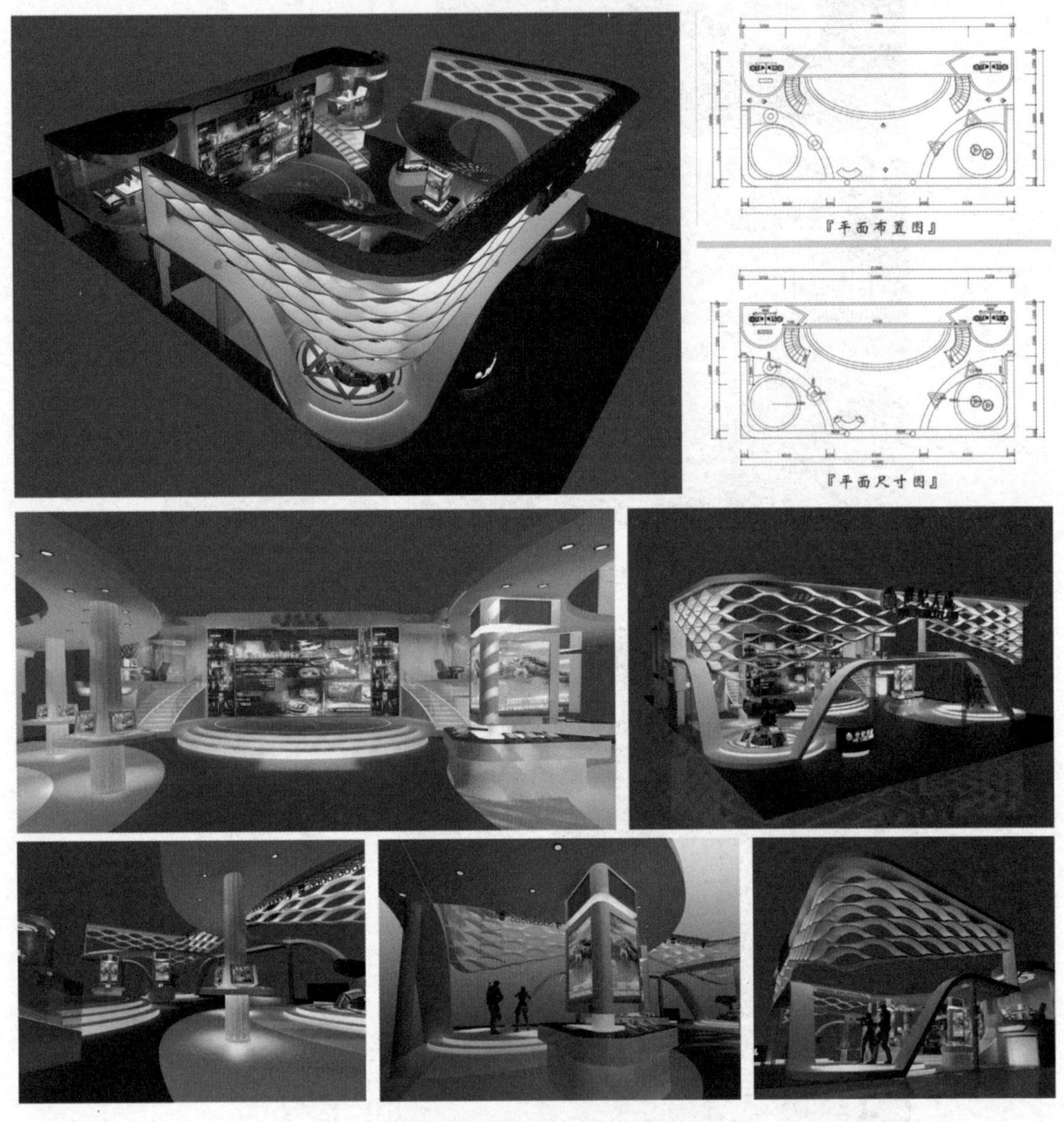

图 7-29　世纪天成 ChinaJoy 展厅设计

（23）模块化新概念空间创新创业园展厅设计

该方案在前期的风格定位上，结合甲方所预期的工业风为先提条件，进行方案设计；随后经过资料搜集、调研，总结出现代工业风设计理念，提出“轻装修、重装饰”理念，结合整个大楼本身定义为集办公与休闲于一身的办公空间，提出“现代化联合办公大楼”思想，意在将休闲、工作相结合，故整体风格上选用LOFT办公风格，给人一种轻办公的感觉。整体色调上结合国外流行的“潘通色卡”进行选择，60%白色，20%深色，10%原木色，10%自然绿色。（图7-30）

图 7-30　模块化新概念空间创新创业园展厅设计

（24）钓鱼人钓具特装展设计

展厅所有的道具都采用直线的形式，在展示方式上尽可能地减少了传统的展示柜，而将展品直接融入整个展厅的造型之中，比如服务台的背景墙、洽谈区的背景墙以及鱼竿展示区等。这既最有效直接地展示了展品，也避免了材料的浪费，更加绿色环保。人流动线上，将展厅的人流最大区域作为出入口，增加廊道的设计布局，将整个展厅的观赏路线合理地做了划分，也使得各个区域的展品都有效地展示出来。特色小品区的设计，增强了展厅的趣味性，也对参观者有着积极的心理暗示作用。（图7-31）

（25）檀颂家具馆展厅设计

该作品是新中式风格，在品牌的标志与企业文化中提取设计元素。细节设计：开与闭、隐与现、光与影等构成的微妙变化，使空间在稳重的同时又不失灵动的感觉，直线与少许的曲线条相融合的设计具有高度的实用性并提供较好的视觉享受。同时，充分考虑功能布局的连贯性、合理性和流畅性，营造出一个宽敞、明亮、大气的家居空间，体现出空间的价值感，能够增强客户对公司企业文化的认同感。（图7-32）

图 7-31　钓鱼人钓具特装展设计

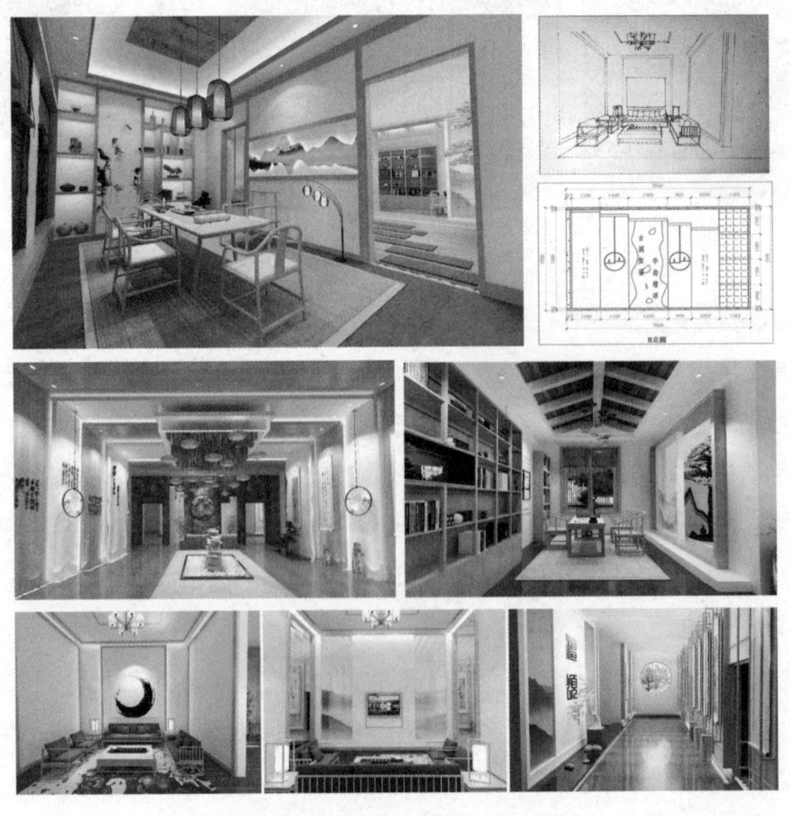

图 7-32　檀颂家具馆展厅设计

（26）爱必达婴童食品展厅设计

作品以简单的几何图形元素与拼图元素相结合，简单不失大气，富有趣味童真。三种简单的颜色营造出整体氛围，既生动又富有感染力。拼图代表了儿童的童真，在简约的风格中为了不失去童真的风格，加上拼图元素，创造积木感，在一系列五颜六色的展厅中凸显自我风格。作品构思过程中所确立的主导思想，赋予了作品文化内涵和风格特点。好的设计理念至关重要，是设计的精髓所在，能令作品具有个性化、专业化和与众不同的效果。（图7-33）

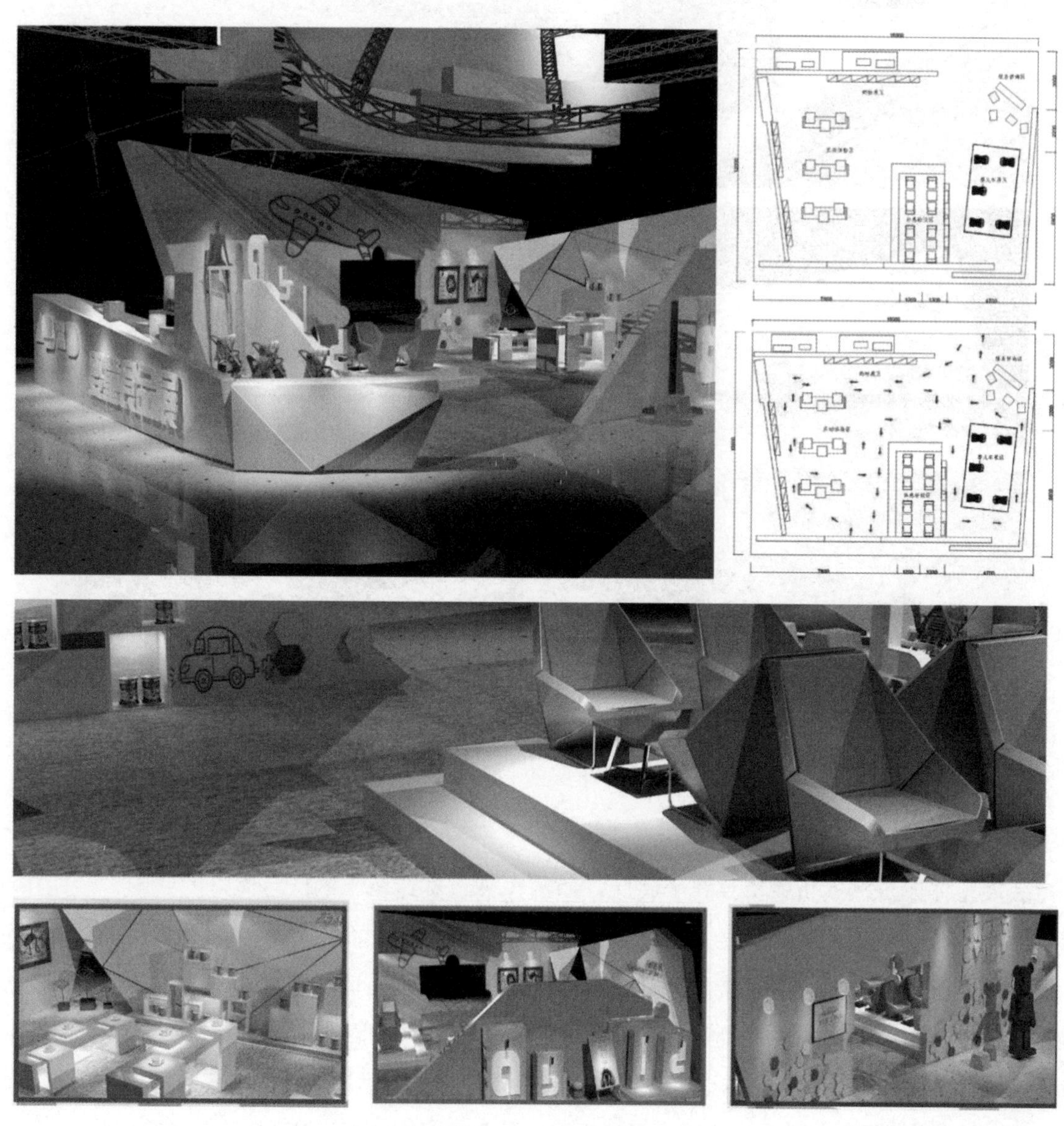

图 7-33　爱必达婴童食品展厅设计

（27）奥迪汽车特装展设计

该展厅从奥迪车上提取元素，通过变形等处理手法将其抽象和夸张化，使其整体造型具有张力，并传达出奥迪车的形体特点。展厅以高端的红白作为主色调，时尚高端的黑色和银灰色作为辅助色，整体打光以蓝色与红色射灯为主，辅之全息投影展现出奥迪的科技感，配色在彰显出奥迪车高端品质特点的同时也不失激情与活力。（图7-34）

图 7-34　奥迪汽车特装展设计

（28）温州国际汽车展奔驰特装展馆设计

该特装展整体以机械式折带贯穿整个展厅，如赛车驶过赛道留下的红色尾灯的残影，硬朗中带有机械中连接圆轴的圆润。以大面积红色为主色，白色的帮衬洁净简约而不简单，加上奢侈木纹棕色烘托了气氛，更加拥有豪华奢侈感。灰色赛道为地铺，呈现赛车底蕴。蓝色的点缀如同星辰一般亮眼闪烁，在整个展示空间之中有着举足轻重的地位。车展展示道具在设计中拥有一定的整体感、特色感和直观感；在洽谈区的设计中融入"坚硬"感的建筑元素，提升整体空间的分量感和体积感；整体则以机械感起伏曲折贯穿。屈指可数的弧形结构使得空间减少了硬朗感，多个元素的融入使得空间更加丰富多样。（图7-35）

（29）2020中国国际进口博览会爱特思展馆设计

服装离不开布料，展厅以布料作为造型设计的基础，而布料在日常使用的时候会有褶皱出现，取褶皱形成的异角形元素，通过对异角形变形使用，营造出适合品牌的面向年轻客户群体需要的空间氛围，以及品牌快时尚的理念。利用布条串联整个展示空间，将不同的空间用造型分割出来进行分区展示。整个作品是先用布条元素构建大的空间形态，再通过异角形的元素将整个空间营造出年轻时尚的艺术氛围。（图7-36）

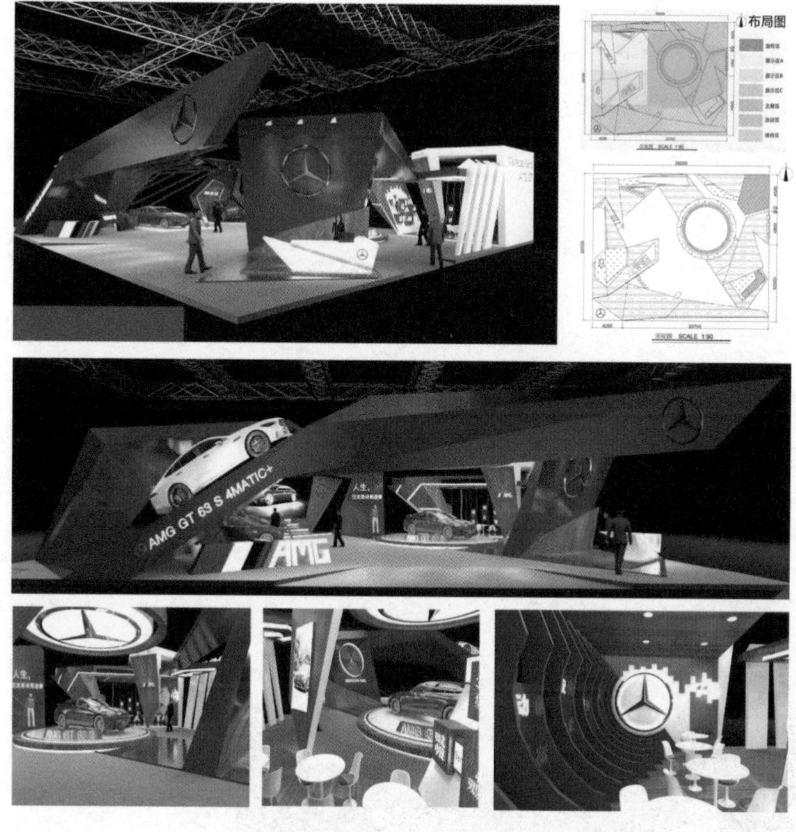

图 7-35　温州国际汽车展奔驰特装展馆设计

图 7-36　2020 中国国际进口博览会爱特思展馆设计

(30) 合肥“水源故里”文化展馆设计

该方案通过元素推导，在合肥“水源故里”项目本身的基础上，寻找与合肥城市精神“开明开放，求是创新”的共同点，得到最终运用的“水滴、波纹、层叠”元素，并贯穿于整个文化馆空间的设计之中。作品运用跟往常传统风格不一样的空间形式，打造出现代简约与文化底蕴相结合的空间风格，在展示内容上提升吸引力。(图7-37)

该方案以时间线的布局方式，从刚开始的传统文化到最后合肥日新月异的现代发展，更全面地展示出合肥城市的文化魅力。

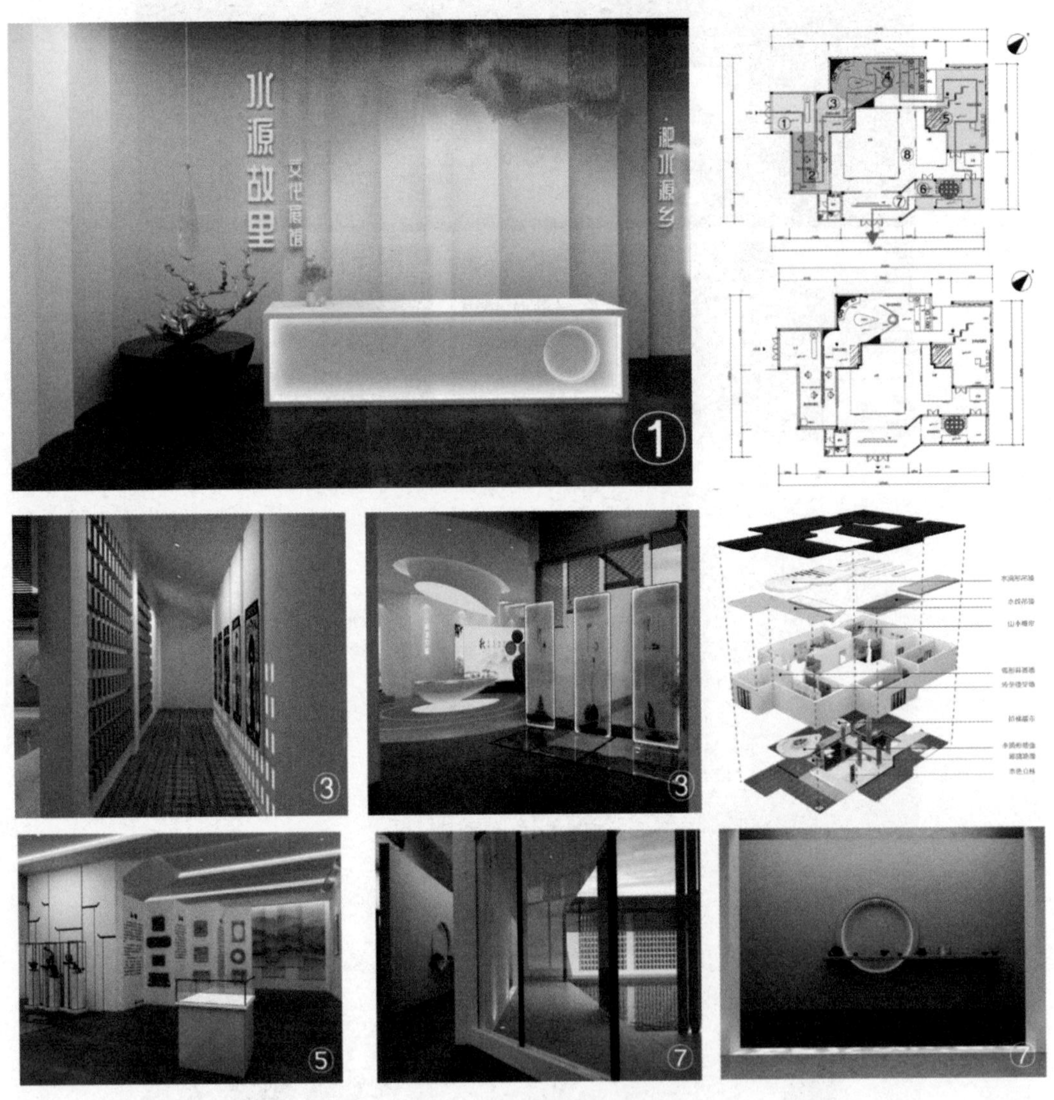

图 7-37 合肥“水源故里”文化展馆设计

(31) 格力智能家居展厅设计

该方案设计的空间主要划分为展品陈列区、文化展示区以及未来展望区等。该方案通过复制、变化等手法表现空间造型，营造空间氛围。设计配色主要以白色为主，以钴蓝为装饰，并与格力品牌的LOGO配色相呼应。该方案在空间布局及人流动线上采用了折线形式，与墙面凹凸造型相契合，体现了展厅的智能化，给参观者带来一种舒适的视觉体验。(图7-38)

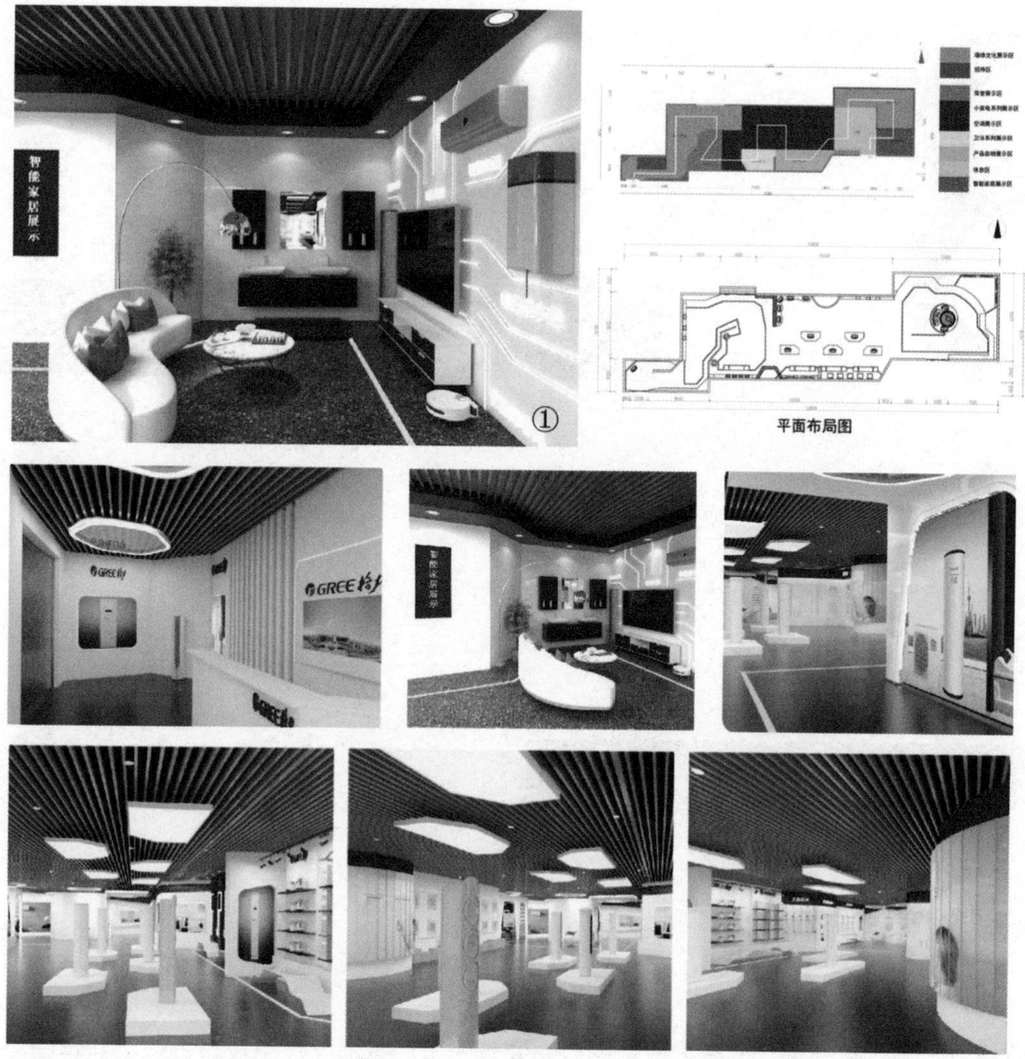

图 7-38　格力智能家居展厅设计

第八章 展示创意拓展案例

在展示空间思维的基础之上，结合各种类型、尺度的作品项目的案例解析，将空间思维教学的成果进一步熟悉和拓展。

第一节 建筑空间拓展案例解析

1. 展示空间拓展案例

(1) 企业厂房展示空间案例

在厂房中进行展示空间设计是有挑战性的，主要是受工厂氛围与环境设备的限制和影响。本案位于安徽合肥，在充分考虑行车、工字钢等负面影响因素以后，通过开放式栏板、展墙、线性顶面与地面的界定，勾勒出一个相对宜人温馨的展示区域，既实现了设备展示，也满足了参观等长期要求，同时与生产空间无缝衔接。(图8-1)

(2) 科技企业临时展厅案例

本案为科技企业临时概念方案的推敲设计，主要创意根据企业文化引入有机流线的主流形态，并运用产品形态特征进行视觉设计，充分考虑到临展的四面环视、高度受限等场地情况，主型相互契合并与地面合而为一，功能合理、视觉穿透、高低错落、整体有序。(图8-2)

(3) 汽车展厅空间案例

该方案空间线条、材料质感和色彩搭配都很简洁、大气。整体色调搭配沉稳、雅致，尤其是内墙的设计，有竖向木制物的自然纹理和温润的特质，让人倍感舒适。而且展厅的空间很大，十分宽阔。通过运用大量的通透玻璃外墙与粗放深色的大理石地砖，让空间由内向外散发一种高贵、粗放的气质。冰冷的色系空间搭配上精致舒适的木制隔墙把整个空间点缀得较为时尚，让汽车凸显在展厅当中。方案整体为亮色系地面，所选择的配色较简单，颜色也为亮色系，赋予了空间很强的视觉冲击力。(图8-3)

图 8-1 企业厂房展示空间案例

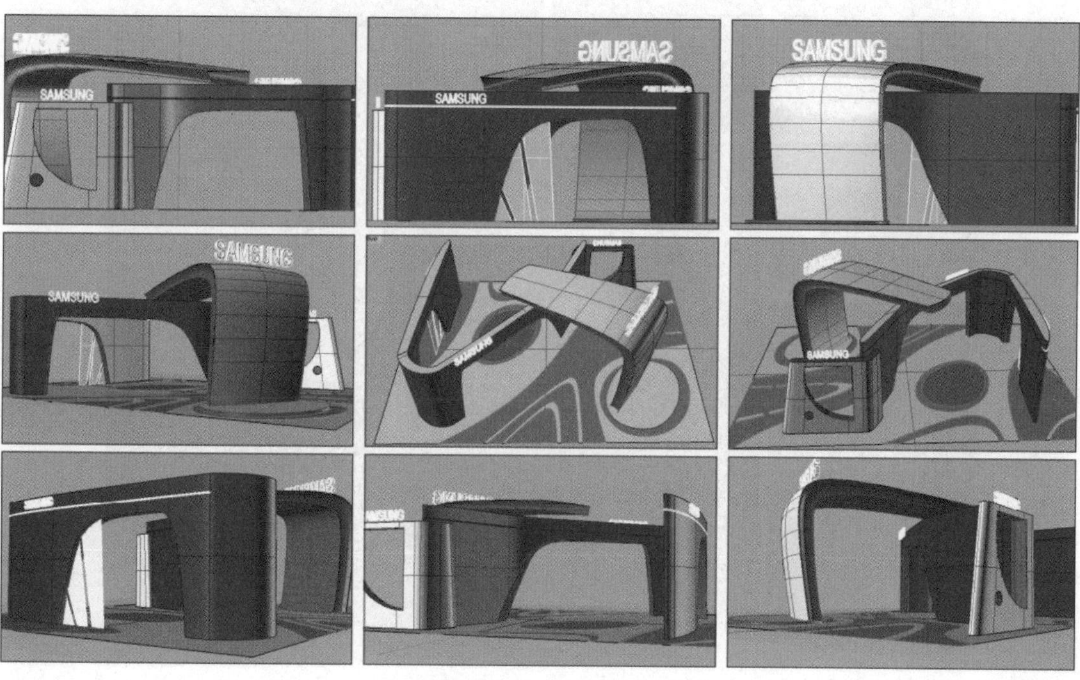

图 8-2 科技企业临时展厅方案

图 8-3 汽车展厅空间案例

2. 商业空间拓展案例

(1) 茶具商业概念空间案例

本案中的展厅位于上海，概念模型年代较早，在后期细化后实施。企业展厅引入“体块”的造型语言，将方体的设计与茶具语言进行融合发散，大面积的幕墙和天窗提高了采光度，在力度、排比等手法的基础上，引入半浮雕的茶壶符号，利用文化玻璃墙面连接内外，通过内外反向的递增展示道具营造场所氛围，小巧精致、耳目一新，对展示空间进行了高效利用。(图8-4)

图 8-4 茶具商业概念空间案例

（2）书吧概念空间案例

书吧设计充分考虑场地的柱体与墙面，对空间六个面进行了整体化处理，丰富了视觉层次和浏览体验。场所中间独立的展墙与展台设计亦遵从整体，精巧贴合，时尚雅致。以主体的处理为创意源泉，通过展台、展墙的相互衔接，结合地台、艺术吊顶、背景墙等恰到好处地分隔了空间，点亮了氛围。（图8-5）

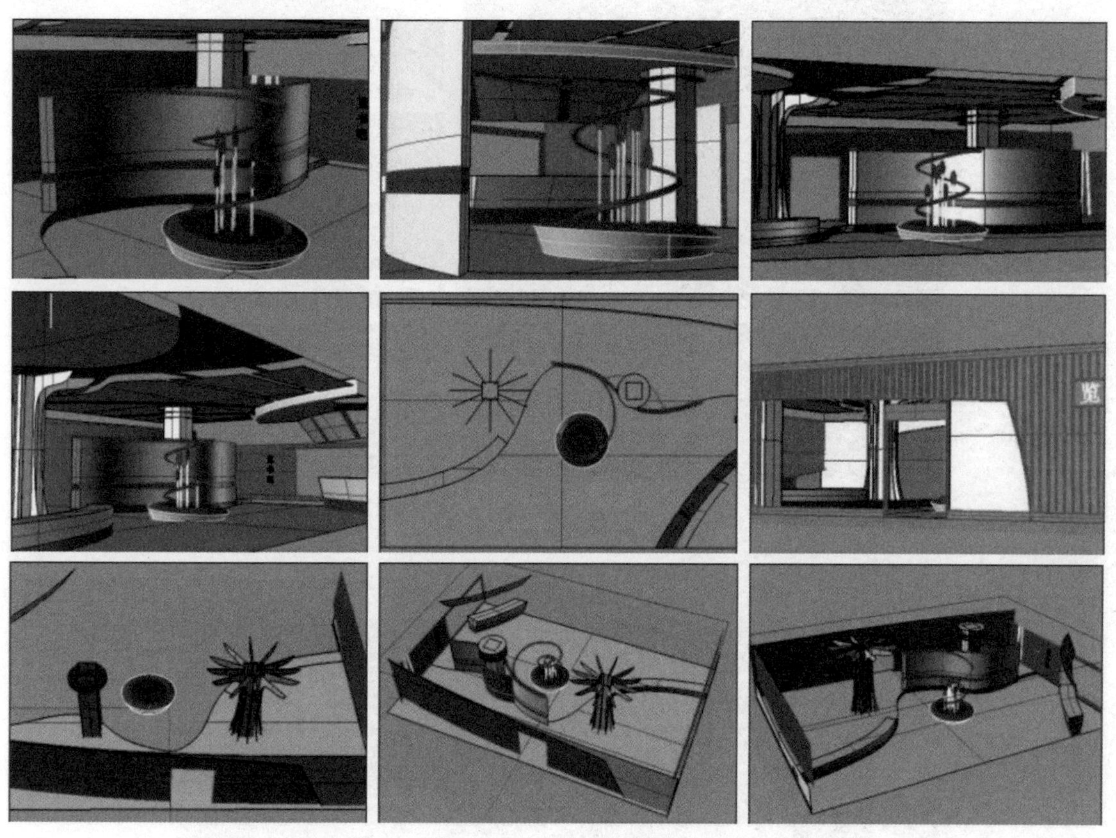

图 8-5　书吧概念空间案例

（3）时尚餐饮空间案例

该方案整体造型外墙由黑色做对比，深色部分为天花板，映衬出设计的吊顶，浅色部分为桌面，更好地凸显了餐厅的环境。此种方法为空间整体连续对比，技巧为比例、色彩、精巧度；空间由颜色的冲撞对比引出视觉冲击力，整个餐厅抓人眼球，暗色系应用恰到好处。空间中大面积的蓝色构成以及用灯光做氛围，为次要元素做的空间。整体餐厅空间的比例得当，用不同形状展示不同的画面，视觉刺激明显，视觉韵律丰富。颜色对比的设计亮点精巧简洁，光影展现淋漓尽致，暗色白色系列的双拼配比合理，大面积蓝灰面感觉高大上，小面积白色感觉别有趣味。（图8-6）

（4）品牌茶行空间案例

茶行展示空间的整体造型由外墙与内墙构成，其中外墙由玻璃展示橱窗组成，内墙由隔断组成，整体空间通透明亮，点缀以灯光氛围，古典大气。此案例采用虚实空间搭配、局部空间对比的方法，外墙的玻璃虚空间与内墙实空间，巧妙形成虚实对比。实空间是建筑的整体造型，以实体墙面等为主要元素进行创造；虚空间是玻璃幕墙设计，内部采用圆形、方形镂空设计，将空间穿透，是以玻璃及通透墙面为主要元素做的空间。虚实空间的比例得当，相互映衬构成整体，辅助以灯光、家具等，视觉感受明显，视觉韵律丰富。空间基于实体设计语言的虚空间创造，大量重复直线语言的运用大气复古，细节色彩浅色系合理适度，整体效果良好。（图8-7）

图 8-6　时尚餐饮空间案例

图 8-7　品牌茶行空间案例

（5）艺术会所空间案例

该方案整体空间具有鲜明的中式风格，运用大量中式古典元素做造型，拉近整体空间氛围，风格鲜明，特立独行。空间中存在许多中式文化符号，使得空间更加整体。将风景园林中框景的造园手法运用其中，增加景观小品，让人有一种置身园林的感觉。整体空间协调性较高，在造型上运用中式园林做隔断，在家具陈设上就采用中式家具。在顶部天花做线性灯，相对应的楼梯底部也做了线性灯。整体符合艺术会所调性，风格鲜明，具有较好的视觉感受。（图8-8）

图 8-8　艺术会所空间案例

（6）商业洽谈空间案例

整体空间游离在黑白灰之间，并采用绿植作为搭配色，以现代简约的语言，透过空间的虚实处理，塑造了人与自然的和谐空间。场景内布局既有延展过渡，又有细节叠加，营造出丰富多元的空间情感。通过调整大理石与白色内墙的设计格局，使得空间看起来更为宽大，房间也更通透、明亮一些，整体的布局也不显得拥挤。运用大量的浅色系装修与同样浅色的大理石，让空间由内向外散发一种高贵、优雅的气质，冰冷的色系空间搭配上精致舒适绿色的软装把整个空间点缀得极为精致时尚。（图8-9）

图 8-9 商业洽谈空间案例

3. 居住空间拓展案例

(1) 品牌公寓空间案例

该方案整体空间层次较多、细节丰富，既要满足家庭成员的不同需求，又要考虑整体风格统一。空间主要以灰色系为主，橙色和粉色为辅。在统一中找变化，在不同中找呼应。客厅沙发的颜色搭配可圈可点，灰色系为主，橙色系为辅，使得空间具有活力。顶部灯光与橙色沙发呼应，营造氛围。女主人卧室考虑了更多细节，粉色的背景墙、床、飘窗、座椅、玩偶等，象征温馨、梦幻的空间品质。整体空间符合多样统一的美学原理，具有独特的品质感，空间协调性、尺度把握良好。(图8-10)

图 8-10　品牌公寓空间案例

（2）品牌洋房空间案例

作品解析①：

该方案整体空间具有鲜明的新中式风格。通过运用大量中式古典元素做造型，拉近了整体空间氛围，风格鲜明，特立独行。空间中存在许多中式文化符号，使得空间氛围更加浓厚。客厅背景墙等多处采用大幅中式风格壁画装饰，将此文化符号重复使用，在营造氛围的同时又使空间更具整体性。在家具陈设方面，不单一使用同一种木材质，而是在相同材质中寻找色彩近似的，既可以增加空间层次对比，又可以确定一些空间界限。整体风格鲜明，氛围浓厚，层次丰富，具有较好的视觉感受。（图8-11）

作品解析②：

该方案整体空间明亮整洁、色彩丰富，不同色彩使得空间具有较多层次，视觉体验感较好。浅蓝色系连接客厅与厨房，整体统一，与白墙形成对比，丰富了空间视觉体验。客厅、男士卧室、女士卧室运用色彩很好地作出区分，但统一采用同一种木地板，使得空间整体和谐，没有孤立空间。整体空间协调性较高，柜体也在统一中寻找变化，使得其不单调，具有变化，空间更加高级。整体功能与装饰和谐平衡，寻求变化，具有内涵。（图8-12）

作品解析③：

该方案整体空间清晰通透，整体色调为蓝色系。在蓝色系中寻找不同明度、纯度的色彩并运用在不同位置，空间中再点缀一些橙色调和，使原本冰冷的空间一下子活泼起来，加上灯光的辅助整个空间显得高级时尚。衣柜靠走道一侧做了圆角处理，减少磕碰，使得空间带有一定的温度感。整体空间协调性较高，在色彩上协调平衡，在造型上采用具有统一元素的细节处理。整体空间和谐统一，通透高级，形式与功能齐备，具有很好的视觉韵律感。（图8-13）

作品解析④：

该方案整体风格鲜明、现代简约，创造了一个想要生活在其中的空间，即使在有限的空间里也允许审美灵活性，让人感受明亮、温馨、细腻的空间情绪，以获得舒适的吸引力。该方案使用了天然材料，织物、绘画墙纸和具有石材质感的背景墙，端庄而安稳的感觉在空间中不断徘徊。居住品质温馨舒适，整体空间沉稳安详、温柔细腻，视觉韵律丰富。灯光层级丰富，空间内部的风格一致。软装多为灰色，空间的灵动性高。（图8-14）

图 8-11　品牌洋房空间案例（1）

图 8-12　品牌洋房空间案例（2）

图 8-13　品牌洋房空间案例（3）

图 8-14　品牌洋房空间案例（4）

第二节 其他空间拓展案例解析

1. 工业产品类小空间拓展案例

(1) 便捷饮食设备系列概念设计

此系列包括早餐车、蒸包设备等。设计初衷致力于解决城市居民便捷的饮食需求，通过设计改良产品、优化环境，并创造新的就业机会。早餐车的设计考虑了城市形象、功能摆放、移动售卖、开合加工等要点。蒸包设备的设计解决了食品加工环节的蒸汽回收问题，也为相关的大规模品牌连锁店模式提供技术支持。此类产品的空间推敲，紧密结合人机工程学，注重使用便捷、功能合理、视觉精简。(图8-15)

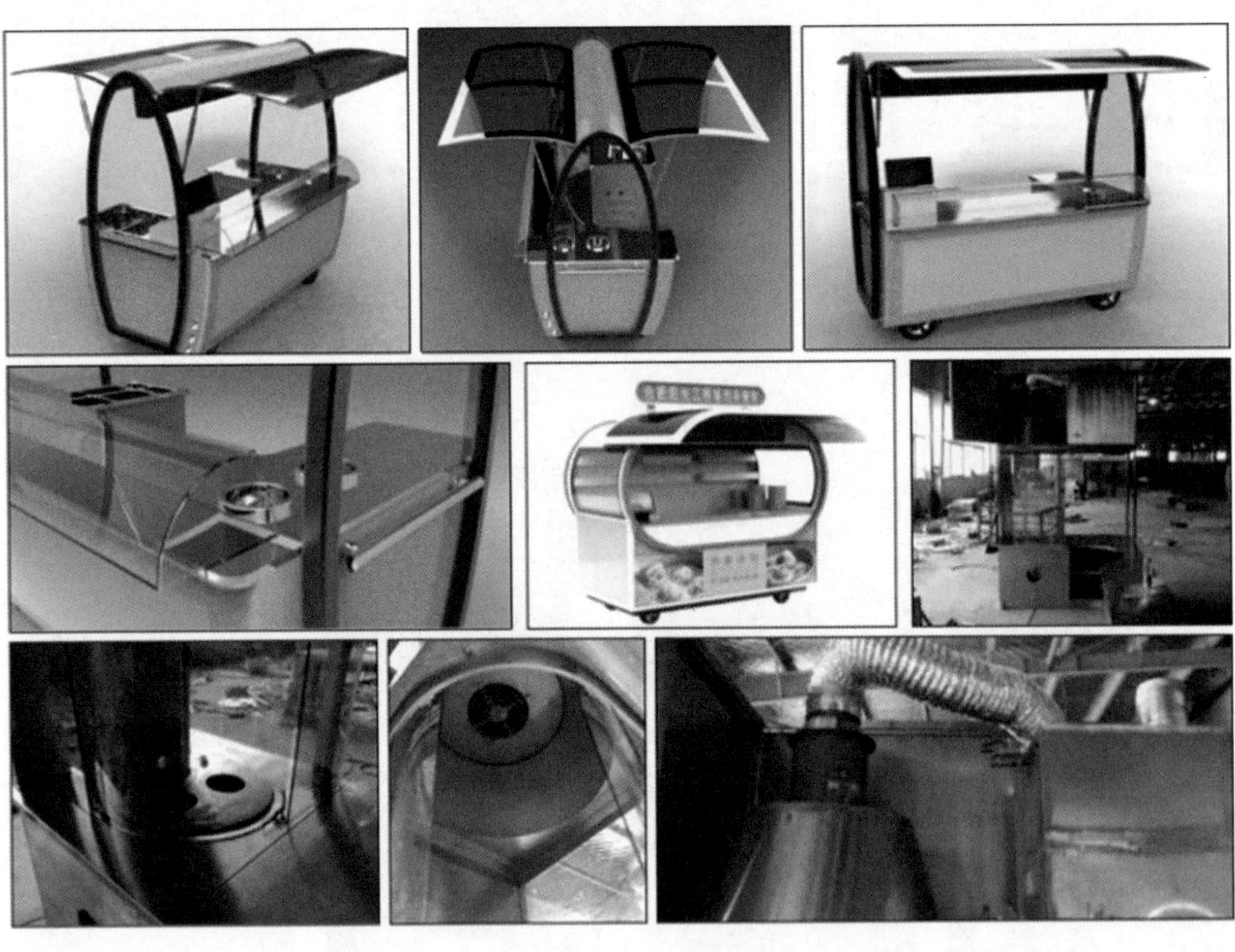

图 8-15 便捷饮食设备系列概念设计

(2) 宠物汽车坐垫概念设计

该案例从生活出发，迎合生活方式更新中的汽车与宠物两个元素，产品设计简单明了、拆装方便，解决了携带宠物自驾出行中的实际问题。此类产品的空间推敲，一方面考虑产品使用环境，另一方面考虑功能与造型的统一。(图8-16)

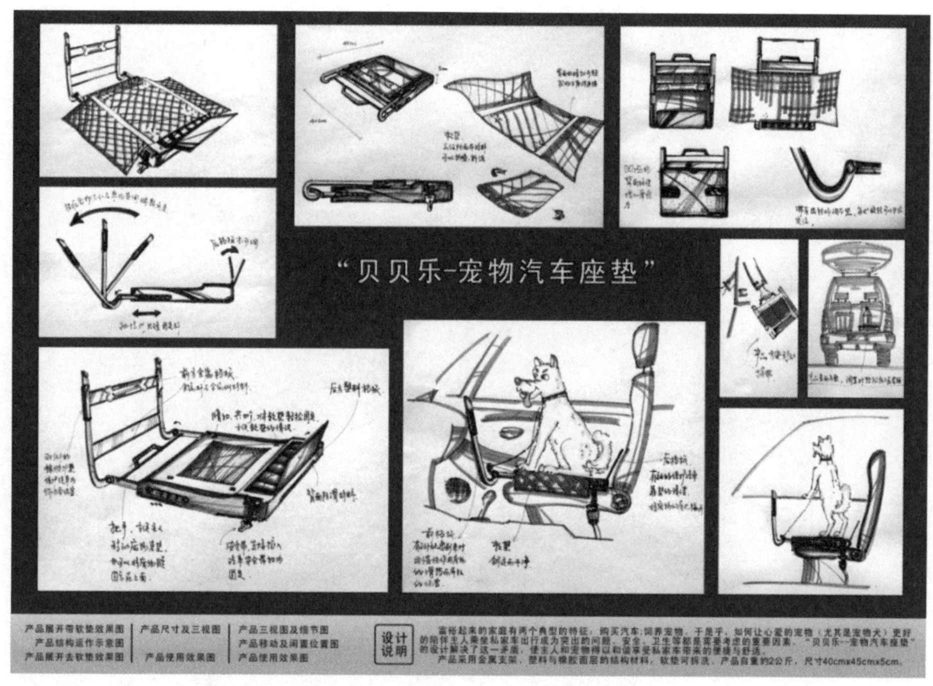

图 8-16　宠物汽车坐垫概念设计

(3) 草坪灯概念设计

该案例创意来源于功能调整与艺术创新，将单纯美学设计叠加入语义符号，社区草坪灯由此增加了日期的提示功能和趣味性，也变得耳目一新。此类户外设施类产品的空间推敲，需要结合设计机会、设计趣味和环境特点等一并思考。(图8-17)

2010 · 草坪灯设计 · 国赛 · 金奖

“大学杯”全国大学生工业设计大赛

“時”太阳能草坪灯

The Time Solar Lawn Lamps

实景图

傍晚

创意说明：

效果图

尺寸图

图 8-17　草坪灯概念设计

2. 景观规划类大空间拓展案例

(1) 别墅中央景观概念方案

欧式庭院景观设计的作品，通过中轴线景观节点的思考，逐渐外溢扩散，最终营造出整体的欧式风格与意境。此类大空间的创意，要充分考虑现场环境的尺度高差、项目风格定位以及符号识别，运用丰富的路网细节将空间连贯为一体。(图8-18)

图 8-18　别墅中央景观概念方案

(2) 城市CBD景观概念方案

项目定位为眼镜城CBD的户外景观，通过合理利用眼镜的关联元素展开，引入水系的竖向调节，将CBD的功能诉求与使用便利科学落地，很好地体现了艺术性、功能性与文化性的结合。此类CBD景观空间的设计，需要特别考虑市政道路、硬质铺装、建筑体量等限制因素。(图8-19)

图 8-19 城市 CBD 景观概念方案

(3) 庭院式小花园景观方案

作为极少有幼儿园的自带后花园景观，项目的顺利实施为小朋友近距离接触自然、感受植物成长以及和动物相处带来了契机。项目虽小，五脏俱全，小桥水榭与流水尽显江南本色，多样的动植物尽显生机与个性，阳光花房与乔灌草设计点亮场地气氛。此类项目的空间设计需要特别考虑安全性与微地形的打造，利用循环供水设备提升空间灵性。(图8-20)

图 8-20 庭院式小花园景观方案

(4) 城市公园节点景观

公园是城市中的明珠，该项目属于临街公园的入口节点，通过引入彩色风雨金属廊道与抬高的花径设计，将长条形的场地特点极致发挥，同时居民的通过性与便利性也有所考虑。此类景观的空间设计需要充分考虑场地现状，将微地形、植物墙、设施等的作用充分发挥。(图8-21)

图 8-21　城市公园节点景观

（5）特色小镇景观规划

特色小镇作为城镇更新的热点发起于浙江，本案以“艺＋”为特色建镇，功能设置以艺术产业、艺术教育为核心，以休闲旅游、文创农业、艺术家村、素质培训为辅助。小镇大背景为乡村绿野，利用国道标识的指引，将游人合理地引入六大相互独立的模块之中。此类空间的景观规划，需要依据土地现状，将功能诉求与空间整体进行高效、生态、文化、特色的有机融入。（图8-22）

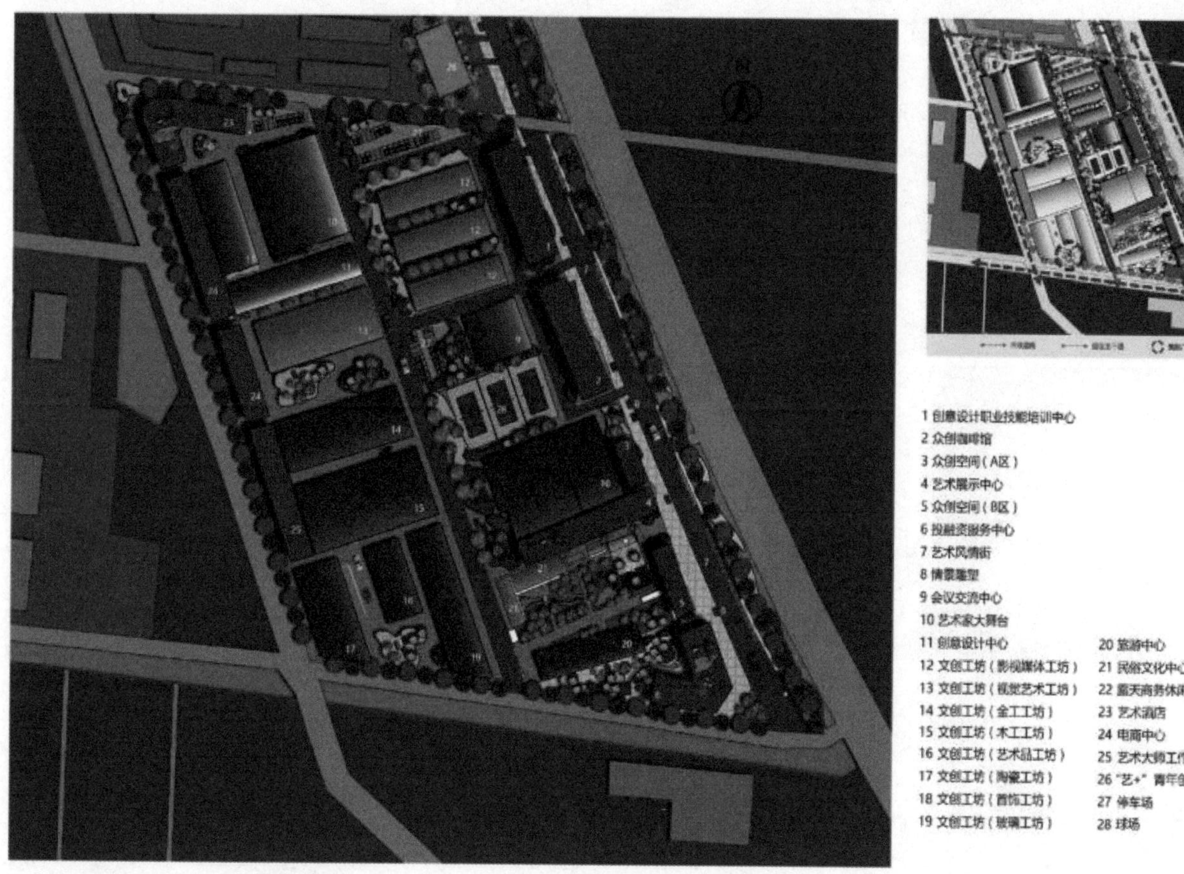

图 8-22　特色小镇景观规划

（6）社区架空层景观设计

高层居住建筑出于容积率要求，出现了底层架空的设计情况。架空层作为稀缺的共享空间为小区居民提供了难得的交流机会，因此如何利用架空层设计实现功能叠加与多样化，在工作之余丰富居家生活成为本案的重点。此类空间的创意重点，在于利用不同住宅组团的架空层现状，融入交流、娱乐、健身、阅读、交通等功能，进行统一的视觉识别设计和空间优化处理。（图8-23）

图 8-23 社区架空层景观设计